KONDO Junsei
近藤純正

身近な気象のふしぎ

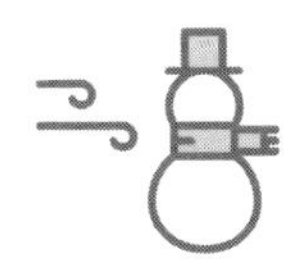

東京大学出版会

Familiar Meteorological Wonders

Junsei KONDO

University of Tokyo Press, 2023
ISBN978-4-13-063719-0

まえがき

前書の『身近な気象の科学——熱エネルギーの流れ』(1987 年発行) では，身近な現象を取り上げ，親しみながら「自然の物理」を見る眼を養うことを意図したもので，読者は大学全学部の 1 年生以上を対象としたが，気象に興味のある一般読者にも配慮して執筆した．

本書では，最近の話題となっている地球温暖化・気候変化や都市気候の問題のほか，地球規模の大スケールから微小なスケールまで，また性質の異なる乾燥した砂漠から液体の水で覆われた海洋上で起きている諸現象を熱エネルギーの流れの観点から論じ大学 3 年生以上で扱う内容もわかりやすく記述したつもりである．身近な現象に注意するとふしぎで面白いことがたくさんある．本書で特に面白いのは，砂時計の中に見える砂漠の気象・水循環，山腹に掘られた地震観測壕内の温度変化などである．大気現象は原理を知ることのほかに，最近では定量的に正確に知ることが重要になってきた．それゆえ，より正しく知るために筆者が行なった方法や工夫も取り上げた．本書で取り上げた多くの話題は，筆者が行なった最近の講演内容でもある．そのとき出された質問から，研究の発展史を知っていただく必要があると感じ，それを最終章の付録「大気境界層・熱収支水収支論の発展史」にまとめた．

なお，第 8 章では多くの数式が出てくるが，難しいと感じた場合は，そこは読み飛ばしても全体としての内容は理解できると思う．また，「備考」は初学者のための解説である．詳細を知りたい場合や専門的な問題に取り組みたい読者のために参考文献を示し，やや専門的な内容は「参考」として説明した．

2022 年 12 月

著者

目 次

まえがき

1　地球温暖化 ……… 1

地球・大気系の有効温度　2／地表面に入る放射はどのくらいの量か　2／温室効果はどのように起こるか　3／潜熱・顕熱とは　6／気温の長期変化から温暖化を探る　6／長期的な気温観測の誤差　8／CO_2 の増加による地球温暖化　8／備考：可降水量　9／むすび　11

2　温暖化は降水量を増やすか？ ……… 13

降水量の観測には誤差がある　14／日本の降水量の長期変化をみる　14／蒸発量は温暖化でどう変わるか　15／備考：熱収支式の解法　16／森林破壊による降水量の減少　18／ポテンシャル蒸発量（E_p）とは　19／E_p を求めるときの注意　20／森林破壊と蒸発散量・降水量の関係　20／地上気温が高いほど極端に激しい降水が強くなるか？　21／参考：飽和水蒸気圧　23／重要な放射量の監視　23／放射量の微小差を検討する　25／参考：有効水蒸気量の全量を表わす実験式　27／むすび　28

3　都市の気候と日だまり効果 ……… 30

年最低気温の上昇　30／都市化昇温観測の実際　31／都市は乾燥化しているか　33／参考：湿度の長期変化には誤差がある　34／昇温・乾燥化による霧の減少　36／日だまり効果とは　36／アーケード街はなぜ暖かい　40／海岸から遠いほど気温は高くなる　41／むすび　43

4　晴天日の夜が寒くなる理由 ……… 45

晴天日の夜は寒くなる　45／放射冷却とは　47／葉面の温度と風速・雲

量 48／覆いで葉面の凍霜害を防ぐ 51／むすび 52

5 昼夜と場所によって変わる風速と突風率 …… 54

大気安定度とは 54／参考：大気安定度を表わすリチャードソン数 56／コリオリの力と地衡風 56／備考：ズレの角度45°のエクマン螺旋 57／参考：等圧線を斜めに横切る風の角度（風向） 58／温度分布による風速の変化 58／大気安定度と風速の鉛直分布 59／地表面の凸凹（粗度）と風速 60／風速の時間変動 61／地表面の粗度が突風率を上げる 62／海岸の突風によるトラックの横転災害 63／防風林の効用 64／時代による風速の見かけ上の変化 65／むすび 66

6 河川改修と養殖魚の大量死事件 …… 68

河川改修による水温変化 69／水温変化と魚の大量死事件 70／河川の流量と水温を予測する 71／眞鍋淑郎のバケツモデルと「新バケツモデル」 72／むすび 74

7 火山噴火と冷夏 …… 76

噴火後の異常な朝焼け・夕焼け 77／噴火規模の定義（1999年までの噴火に利用） 77／大規模噴火後は冷夏になる 79／噴煙微粒子と直達日射量 82／新しい大規模噴火の定義（2000年以後の噴火に利用） 83／参考：気象庁の放射観測 84／霧と雨天がもたらす東北地方の大冷夏 85／むすび 86

8 蒸発・蒸散量と気温の関係 …… 87

熱輸送と温度 88／地表面の熱収支式 90／飽和比湿と温度の関係——バルク式 93／熱収支式を解いてみよう 94／特殊な場合（その1：湿度が飽和のとき） 95／特殊な場合（その2：無風のとき） 96／参考：熱収支法 98／葉面の蒸発（蒸散）効率とオアシス効果 98／むすび 99

9 森林の水収支・熱収支と林内の気温 …… 101

降水量・蒸発散量・流出量の関係をみる 101／森林伐採・火災による蒸

発散量の減少 102／葉面積指数と蒸発散量 104／熱収支量の季節変化・日変化 104／潜熱輸送量を理論的に考える 108／日射の透過率や見通しと林内の気温 110／林内の見通し（良好林と不良林） 112／むすび 113

10 砂時計に学ぶ砂漠の気候 ……115

砂時計の中の気象 115／畑地の乾燥を砂で防ぐ 117／クイズ 119／裸地面（砂漠など）蒸発をモデル化する 120／裸地面蒸発モデルを使ってみる 121／土壌の種類と蒸発・水資源量 125／参考：土壌面蒸発を表わす式 125／むすび 126

11 湧水の温度と環境変化 ……128

東京の湧水温度の上昇 128／温暖化と湧水温度 129／都市化と湧水温度 131／地中の深さと温度変化 132／東京都内の気温の上昇は大きいか 134／東京都内の湧水温度の上昇は大きいか 135／むすび 136

12 空間の大きさと温度変化の時間 ……137

冬期の室温変化 137／床面の極小低温層 138／地震観測壕内の温度を測る 138／温度変化と時定数（追従時間） 141／理論式による時定数 142／放射時定数を求める実験 143／時定数と規模——小箱の中から地球まで 143／むすび 145

13 大気・海洋の熱エネルギー移動と地球の気候 ……146

波のある海面上の風速は対数則に従わない？ 147／参考：海面の粗度と砕波 149／海面熱収支量をパラメータ化する 150／参考：バルク係数の実験式 151／参考：大気安定度が不安定で自由対流のときの交換速度 152／参考：なめらかな面と粗面 152／「気団変質実験 AMTEX」の観測 152／海面から大気への熱輸送の量 153／黒潮による海洋熱輸送の量 155／むすび 157

付録 大気境界層・熱収支水収支論の発展史 ……159

（Ⅰ）1900年代初期の研究 159

（Ⅱ）1950年代のころの研究 160

大気放射学 160／接地層における相似則とKEYPSの式 161

（Ⅲ）1960～2000年の研究 163

カルマン定数 164／非常に安定なときの放射の役割 165／海面（水面）のバルク係数 166／備考：回転式風速計の動特性 168／数値天気予報の試験開始 168／気団変質実験AMTEX 169／有効入力放射量の利用 170／各種地表面の熱収支量の計算 170

（Ⅳ）2000年代の研究 171

正しい地球温暖化量の評価 171／温暖化と放射量の監視 172／植物葉面の気孔の潜在的応答 172／農業分野における気候変動対策 173／植物の微気象環境に対する遺伝子レベルでの生理応答 173

（Ⅴ）全球の陸面での熱・水収支と地球表層の水循環 175

あとがき……181

索 引……183

1　地球温暖化

いま世界中で大きな話題となっている「地球温暖化・気候変化」は大気中の二酸化炭素の増加によるものだと簡単に説明されることがあるが，下層大気の温度を上昇させる「温室効果」には水蒸気がもっとも大きな働きをしている．本章では，地上付近の気温が上昇する「地球温暖化」について理解を深めよう．

大気は多くの気体成分からなる．そのうちの水蒸気は場所と時間によって大きく変化する．水蒸気を除いた乾燥空気について容積比で表わせば高度約80 km 以下では，窒素が78.1%，酸素が20.9%，アルゴンが0.9%，二酸化炭素が0.04%を占める．大きく変動する水蒸気は0.1%以下～最大4%程度，地表付近の地球平均は約0.4%である．

太陽放射（短波放射，日射）のスペクトルは波長0.5 μm（緑）付近にピークをもち，0.38 μm 以下が紫外線，0.38 μm（紫）～ 0.78 μm（赤）の範囲が可視光線（個人差あり），0.78 μm 以上が赤外線であり，波長0.15 ～ 3 μm の範囲にその99%のエネルギーが含まれている．なお，1 μm は 10^{-6}m である．一方，地表面と大気の温度は絶対温度で表わせば300 K 前後であり，それらの出す放射（長波放射）は波長10 μm 付近を中心としたスペクトルをもち，大部分のエネルギーは3 ～ 100 μm の範囲に含まれる．このことから，短波放射と長波放射は，波長3 μm を境にして，別々に取り扱うことができる．

太陽からの放射エネルギーは可視光を含むため，目に見えて，体に当たれば高温に感じる．一方，長波放射は目に見えないが，物体からの放射は高温ほど放射エネルギーが大きく，近くに高温物体があれば高温を感じる．放射温度計は離れた場所の物体からの放射量を測り，換算して温度を表示する測器である．その際，途中の気温の影響を避けるために，水蒸気の吸収率が小さい波長範囲（たとえば，8 ～ 14 μm）を測るようになっている．

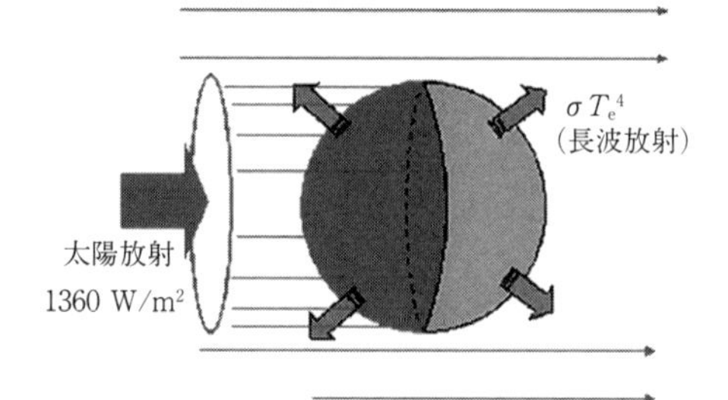

図 1.1　地球・大気系に入射する太陽放射のエネルギー 1360 W/m^2 と，地球・大気系が放出する長波放射 σT_e^4 のつり合い．

地球・大気系の有効温度

地表面と雲と大気のすべてを含んだ地球全体を地球・大気系と呼ぶ．地球の温度は，地球・大気系に入る太陽からの短波放射量と地球・大気系が放つ長波放射量がバランスすることで決まる（図 1.1）．大気の最上端において，太陽光線に垂直な単位面積に入射する太陽放射量，いわゆる太陽定数は $I=$ 1360 W/m^2 である．このうちの地球の惑星アルベド（反射能）A（＝0.3）に相当するぶんが宇宙空間へ反射される．

地球の半径を r とすれば，太陽放射を受ける地球の断面積は πr^2 で，地球表面積 $4\pi r^2$ の 1/4 である．それゆえ，地球・大気系に取り込まれる地球表面の単位面積当たりの太陽放射量は $I(1-A)/4=1360$ W/m$^2 \times 0.7/4=238$ W/m^2 である．これは，地球・大気系の平均的な温度（有効温度）を $T_e=254.5$ K（＝－18.7℃）とすれば，その長波放射量 $\sigma T_e^4=238$ W/m^2 と釣り合う．ここに σ（＝5.67×10^{-8}W/m^{2}K^4）はステファン・ボルツマン定数である．

地表面に入る放射はどのくらいの量か

太陽放射（短波放射）が大気層に入ると空気分子と浮遊する微粒子（雲を含むエアロゾル）によって散乱され，また，水蒸気・酸素分子・二酸化炭素などに吸収される．散乱光は光の進行方向を変えるのに対し，吸収はその場の大気の温度を上昇させる．太陽光は直達光と散乱光に分けられる．直達光は太陽光そのものの強さ，散乱光は空の明るさ，雲があれば雲の明るさである．直達光と散乱光の両者の水平面における強さを水平面日射量または全天日射量という．

大気中の水蒸気 H_2O，二酸化炭素 CO_2，オゾン O_3，メタン CH_4 など温室効果ガスは，その温度と濃度に応じて長波放射（遠赤外放射）をあらゆる方向に向かって射出する．その長波放射は伝搬するとき，経路中の温室効果ガスによって吸収されて減衰し，同時に経路中の温室効果ガスが射出する長波放射が加わる．こうした過程の積分された結果の長波放射量が地上の水平面に入る．長波放射の波長は空気分子の大きさよりはるかに大きいので，雲の中の放射伝達などを除外すれば，散乱による減衰は無視できる（近藤，1994，第4章；会田，1982；浅野，2010）．

温室効果はどのように起こるか

地表面付近の温度が $T_e = 254.5$ K（$= -18.7$℃）より高温であるのは，大気中の水蒸気 H_2O，二酸化炭素 CO_2 など温室効果ガスの働きによる．地球・大気系が取り込む太陽放射量が一定の場合，温室効果ガスが増えればそれらが射出する長波放射のぶんだけ地表面に入る大気からの長波放射量が増え，下層大気の温度は上昇する．ただし，地球が宇宙空間に放出する長波放射量は変わらないので有効温度 T_e は一定である．T_e が一定であるには，下層大気の温度が上昇するぶん上層大気の温度が下降しなければならない．実際に，下層大気の温暖化が進むにしたがって上層大気の温度は下降している．地球温暖化とは，下層大気についてのことである．

温室効果を理解するために，単純化して次の近似を行なう．(a) 大気は日射に対して透明である．(b) しかし大気は長波放射に対して黒体度 ε（$0 < \varepsilon \leqq 1$）であるとする．すなわち大気温度を T とすれば，大気は $\varepsilon \sigma T^4$ の長波放射を出すとともに地表が出した長波放射を（$1-\varepsilon$）の割合で透過する．

地表面温度を T_s とし，入射エネルギーと放出エネルギーが釣り合いの状態にあるとすれば，大気の熱収支式は次のように表わされる（左辺に大気の上・下面からの放出エネルギー，右辺に大気下面への入射エネルギー）．

$$2\varepsilon\sigma T^4 + (1-\varepsilon)\sigma T_s^4 = \sigma T_s^4 \qquad (1.1)$$

左辺の第1項は大気の上・下面からの放出エネルギー，第2項は下面から入ったエネルギーのうち大気に吸収されずに残る量で上面からの放出エネルギーである（図 1.2 を参照）．また，地表面の熱収支式は次の通りである（左辺に地表面への入射エネルギー，右辺に地表面からの放出エネルギー）．

$$\frac{I(1-A)}{4}+\varepsilon\sigma T^4=\sigma T_s^4 \tag{1.2}$$

式（1.2）の左辺第 1 項は前述の σT_e^4 に等しいので，連立方程式（1.1）と（1.2）を解けば，T^4 と T_s^4 は次のように求められる．

$$T^4=\frac{T_e^4}{(2-\varepsilon)},\quad T_s=\frac{2T_e^4}{(2-\varepsilon)} \tag{1.3}$$

図 1.2 は $\varepsilon=0.5$ の場合（左図）と $\varepsilon=0.9$ の場合（右図）の計算結果である．大気の黒体度 $\varepsilon=0.5$ のときの地表面温度 $T_s=0.3$℃，大気温度 $T=-43.2$℃に比べて，温室効果ガスが増えて $\varepsilon=0.9$ になった場合は $T_s=22.3$℃，$T=-24.7$℃に上昇し，いずれも高温になる．この例は，単純化して大気を 1 層として計算したが，大気を多数の層に分割して計算すれば，気温の鉛直分布を求めることができる．

地球・大気系のアルベド $A=0.3$ の場合について計算してきたが，何らかの原因で A が 1％ほど大きくなれば，地球に入る日射量は 2.38 W/m^2（＝238 W/m^2×0.01）減少する．単純化のために放射のやりとりだけで温度分布が決まる，いわゆる「放射平衡」の条件を想定すれば，T_e（絶対温度）はそれにバランスするように A の 1％の変化は T_e に 1/4％の変化を生む．温度に直せば T_e や地上気温 T_0 の地球平均で 0.5 ～ 0.8℃の低下となる（近藤，1987 の p. 4 ～ 8）．

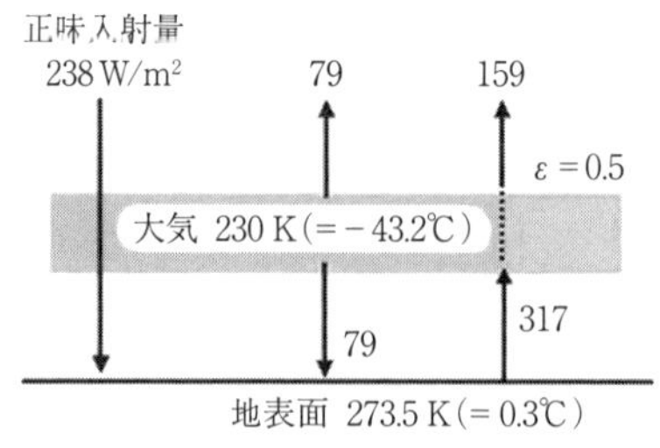

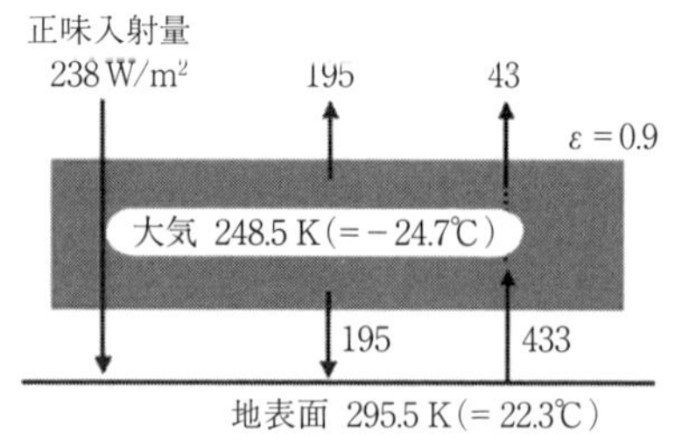

図 1.2　大気の黒体度が $\varepsilon=0.5$ の場合（左）と $\varepsilon=0.9$ の場合（右）の大気と地表面の熱収支．温度以外の数値の単位は W/m^2．

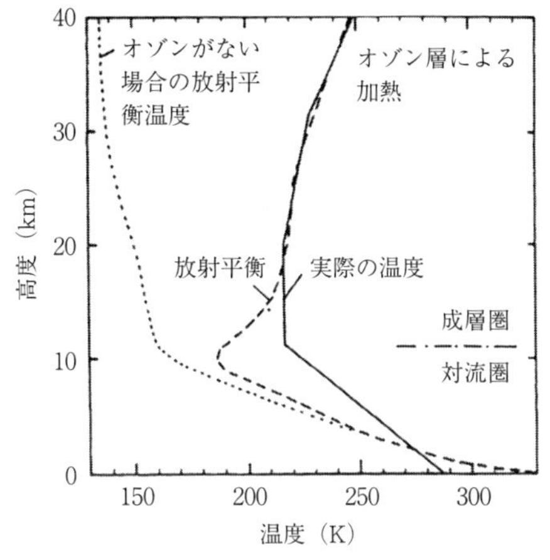

図 1.3　実際の気温分布（実線）と放射平衡の気温分布（破線）の関係．参考のためにオゾンを無視した場合の放射平衡の気温分布を点線で示す（Manabe and Strickler, 1964，に基づく）．

上では簡単な計算から温室効果の原理を理解するために近似（a）と（b）を用いた．厳密に計算するには，大気中の吸収物質（水蒸気，二酸化炭素，オゾンなど）の高度分布と放射に対する吸収の波長依存性などを考慮に入れなければならない．そのようにして計算された温度分布の例（Manabe and Strickler, 1964）と実際の温度分布の関係が図 1.3 に示されている．

この図によれば放射平衡の温度分布は対流圏下部では実際より高温で，しかも高度とともに気温が減少する割合（気温減率）は高度 1 km につき約 17℃もある．このような大きな気温減率をもつ大気は非常に不安定で対流が発生し熱（顕熱）を地表面から上空へ運ぶことになる．同時に，地表面では水分が蒸発し，それにともなう潜熱が奪われるので地表面は冷却する．地表面から運ばれた水蒸気は上空で凝結し雲をつくるさいに潜熱を放出し大気を暖める．それゆえ，水蒸気の移動のことを潜熱の輸送という．

対流活動は顕熱と潜熱を対流圏の下部から上部へ運び，気温減率を小さくする働きをしている．このようにして対流圏では放射と対流の作用が実際の温度分布をつくっている．高度約 20 km 以上では放射平衡の温度分布と実際の温度分布はほぼ等しいことがわかる．このことから成層圏の温度は近似的に放射の作用だけで決まると考えてよい．成層圏の温度はオゾンによる日射の吸収と長波放射が重要な役割を果たしている．なお参考のために，大気中にオゾンがないとした場合の放射平衡の温度分布を点線で示したが，この温度は成層圏で実際よりかなり低温である．

地上の CO_2 濃度は 1750 年ころには 280 ppm 程度であったが，工業化が進むにしたがって，1960 年には 320 ppm 程度，2020 年には 400 ppm 程度に増加している（ここに，100 ppm＝0.01% である）．この増加傾向が続くと下層大気の温度上昇，いわゆる地球温暖化が進み，地球上の動植物に深刻な影響が現れることが危惧される．そのため，温暖化対策では，脱炭素など気温上昇を抑える「緩和策」と同時に，気候変動によって起こる気象災害への対策によって悪影響を軽減する「適応策」も進められている（近藤，2021）．

潜熱・顕熱とは

熱の伝わり方としての「伝導熱」は，熱した物体に触ったとき熱く感じるように温度の高い部分から低い部分へ伝わる熱である．「放射熱」は太陽光が真空中を通って地球にくるような伝わり方，あるいは通常の物体および水蒸気や二酸化炭素などガスが出す目に見えない波長の長い放射熱もある．「対流熱」はたとえばストーブを焚く場合，空気は温められて軽くなり上昇し部屋を循環する．乱流も含めて，温度差から生じる熱の流れを「顕熱」による熱輸送という．顕熱の顕「あらわれる」に対して潜「ひそむ」の意味の「潜熱」がある．それは，水蒸気が凝結するとき相変化による凝結の潜熱を放出し，逆に水が蒸発するときは気化の潜熱が必要である．このことから水蒸気の移動のことを「潜熱」による熱輸送という．地球上では，放射に次いで潜熱が重要な働きをしている．

気温の長期変化から温暖化を探る

精確な日本の地球温暖化（長期の気温上昇率）は，気温観測値に含まれる諸々の誤差を補正して得られる．図 1.4 は 1879 年以後の日本における気温の長期変化である．最も古い時代 1879 ～ 1897 年の函館，東京，長崎の 3 地点の平均気温に，補正済みの 1898 ～ 2021 年の 28 地点の平均気温を接続したも

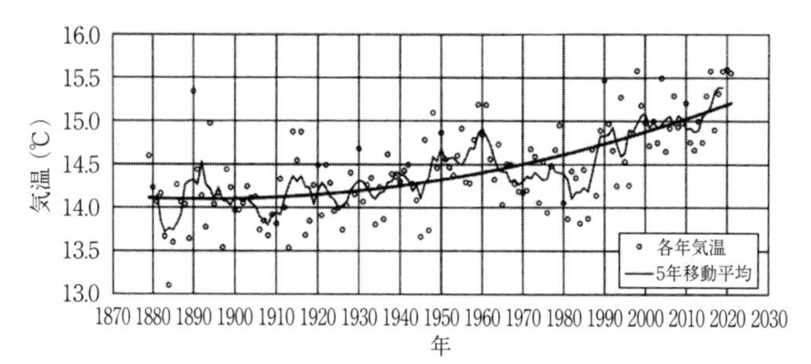

図 1.4　日本の気温の長期変化，143 年間（1879 ～ 2021 年）．右上がりの太いなめらかな曲線（多項式近似）は気温の長期的な上昇傾向，細い折れ線は 5 年移動平均，小丸印は各年平均を示す（近藤，2022，図 3）．

のである．気温の接続とは，両者の気温が揃う 1898 ～ 1920 年の 23 年間平均を比較すると，3 地点平均＝13.41℃，28 地点平均＝14.11℃で，その差（ズレ）は 0.70℃である．それゆえ，3 地点平均の 1879 ～ 1897 年の毎年の気温に 0.70℃に加えズレをなくして，1898 年以後の 28 地点平均の気温につなぐことである．ここに 28 地点とは，都市化の影響や日だまり効果（第 3 章）の影響が比較的に小さく，日本全域を代表できるように地域ごとに選んだ観測所であり，都市化の影響と日だまり効果による誤差，そのほか後述の観測方法・統計方法の時代による変更により生じる誤差の補正済み地点である．寿都，網走，稚内，宮古，深浦，石巻，……相川，伏木，高田，……石廊崎，……潮岬，室戸岬，清水，平戸，屋久島，南大東島，与那国島などである（近藤，2022）．

図 1.4 に示す右上がりのなめらかな曲線は 143 年間の傾向を表わし，気温上昇率（線の傾斜）は時代とともに大きくなっている．日本の平均気温は 1900 年以前に比べて 2020 年は 1.1℃高い．さらに，この曲線の傾向がそのまま続くとすれば，2040 ～ 2050 年ころには 1900 年以前に比べて 1.5℃の上昇となる．なお，この気温上昇率の季節による違いは見いだせない（近藤，2020）．

気温の長期変化には，さまざまな周期的な変動が混在しているので，地球温暖化のように長期の気温上昇率を知りたいときは，少なくとも 60 年以上の長期間のデータが必要である．

図 1.4 に示した細い折れ線（気温の 5 年移動平均）を見ると，長期変動の中に太陽黒点周期と同じ約 11 年周期と，火山の大規模噴火後や海洋変動にともなって気温が急上昇する「ジャンプ」が 1887 年，1913 年，1946 年，1988 年に現れている．図は 28 地点の平均値であるため明瞭ではないが，緯度ごとに見ると 11 年周期と「ジャンプ」の変動幅は高緯度ほど大きい．この特徴は，短期間（数日～数十日）の気温変動幅が低緯度で小さく高緯度で大きい特徴と同じである（近藤，2018）．特に東北地方の太平洋側では，火山の噴煙が大量に成層圏（高緯度で高度約 8 km 以上，低緯度で高度約 16 km 以上）に届くような大規模噴火の直後の夏の平均気温は 90％の確率で平年に比べて 1 ～ 3℃低下する（第 7 章を参照）．

長期的な気温観測の誤差

図 1.4 では，気象庁公表値（気象庁，2022）と同じ期間 1898 ～ 2021 年の 124 年間を表わす直線近似の線は記入してないが，精密な気温上昇率＝0.89℃/100 年である．この上昇率に対し，気象庁公表値＝1.26℃/100 年は 1.42 倍である．同様に 1930 年～ 2021 年では精確な上昇率の 1.59 倍である．その理由は，気象庁の公表値では諸々の誤差に対して未補正で，さらに都市化の影響の大きい山形，境，浜田，宮崎，多度津ほかの観測値が含まれているからである（近藤，2022）．

現在の日平均気温は毎正時 24 回観測の平均値であるが，時代により観測時刻と観測回数は変更され 1 日に 3 回，4 回，6 回，8 回，ほかに 1882 年 6 月までは 2 回（地方時の 9 時 30 分と 21 時 30 分）もあり，時代と観測所ごとに異なる．観測方法として，1970 年代以前は百葉箱の中の気温計の示度を，その後はファンモータを利用した通風筒の中の気温計の示度を記録するようになった．そのほか観測露場の風速が周辺地物により弱くなると，気温は日中に高く夜間に低く観測される．日中の誤差が大きいことにより日平均気温が高めに記録される．これを「日だまり効果」による昇温という（第 3 章を参照；近藤，2012）．

CO_2 の増加による地球温暖化

大気中に含まれる温室効果ガスが増えると，大気から地表面に注がれる長

波放射量 $L^{\downarrow}$（遠赤外放射量，大気放射量）が増加し地表面温度が上昇する．$L^{\downarrow}$ は大気中の有効水蒸気量の全量や他の温室効果ガス濃度に依存する．

有効水蒸気量の全量とは大気中のすべての水蒸気が降水となって地上に降ってきたときの降水量（可降水量：単位は mm または kg/m^2）に類似な量である．ただし，各高度の水蒸気量 ρ_w を気圧 p で補正した量の積分値であり，可降水量より 20％程度小さい．次のように高度 $z=0$ から大気の上端 $z=\infty$（実質的には，高度 10 km 程度）までの積分値である．

$$\text{有効水蒸気量の全量} = \int \rho_w (p/p_0)\,dz \tag{1.4}$$

ここに，p_0（＝1013.25 hPa）は標準気圧である．

備考：可降水量

可降水量は空気中に含まれる水分が，すべて雨や雪になって降ったと仮定したときの降水量である．場所と季節によって異なるが多くの場合 1～60 mm の範囲内にあり，地球上の平均でみれば，約 30 mm である．地球上の平均降雨量は年間約 1000 mm であるので，年間約 30 回の割合で，つまり約 10 日に 1 回の割合で水が交換されていることになる．

図 1.5 の下図は対流圏における気温の高度減率 $\Gamma=0.0065$℃/m，大気全層の相対湿度が 60％としたときの晴天日における有効水蒸気量の全量と $L^{\downarrow}$ の関係である．水蒸気量が多いときほど $L^{\downarrow}$ は大きくなる．なお，横軸＝13.43，14.43，15.48，16.58，17.72 mm のとき地上気温はそれぞれ 15，16，17，18，19℃である．上図には $L^{\downarrow}$ に占める CO_2 による増加分 $\Delta L^{\downarrow}{}_{CO2}$ を示した．ここに CO_2 による増加分を表わす $\Delta L^{\downarrow}{}_{CO2}$ とは，下図の $L^{\downarrow}$ には水蒸気や二酸化炭素など温室効果気体によるすべてが含まれており，その $L^{\downarrow}$ に含まれている CO_2 による増加分である．

図中の 4 つの線は CO_2 濃度＝100，……，400 ppm の場合である．横軸＝15 mm（15 kg/m^2）は地上の日平均水蒸気圧が概略 12 hPa のときに相当する．

図 1.5 からわかることは，たとえば CO_2 濃度が 300 ppm から 400 ppm に増えれば $L^{\downarrow}$ は 1 W/m^2 程度増える．その結果，温室効果が強まり下層大気の温度が上昇することになる．なお，この図には CO_2 濃度が 500 ppm，600 ppm

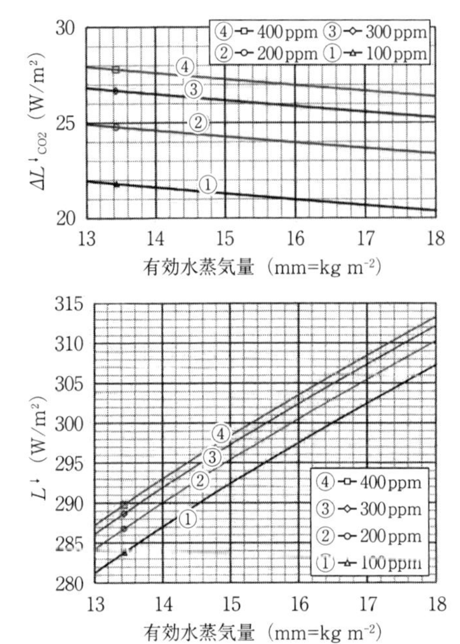

図 1.5　晴天日における有効水蒸気量の全量（横軸）と地表面に入る大気放射量 $L^{\downarrow}$（縦軸）の関係，大気全層で相対湿度＝60％の場合．下図は大気放射量 $L^{\downarrow}$，上図は $L^{\downarrow}$ に含まれる CO_2 による大気放射量の増加分 $\Delta L^{\downarrow}{}_{CO2}$ である．地上の CO_2 濃度＝100，200，300，400 ppm の場合をそれぞれ曲線①，②，③，④で示した（近藤，2021，図 5 の一部を拡大したもので，横軸の広い範囲については元の図 5 を参照のこと）．

となった場合の線は示していないが，縦軸の増加量はしだいに小さくなる（概略 CO_2 濃度の対数に比例して増える）．

地表面に入る $L^{\downarrow}$ の大きさの大部分は大気中の水蒸気量によるぶんである．たとえば CO_2 濃度＝400 ppm として，横軸＝13.4 mm（＝13.4 kg/m^2）（地上気温＝15℃，相対湿度＝60％のときに相当）のときを図 1.5 から読み取ると $L^{\downarrow}$＝290 W/m^2 であり，この約 90％が水蒸気の寄与である．また，図 1.5 の範囲外となっているが横軸＝2.9 mm（2.9 kg/m^2）（地上気温＝－5℃，相対湿度＝60％に相当）のときは $L^{\downarrow}$＝190 W/m^2 で，この約 83％が水蒸気の寄与である．このように水蒸気の寄与は大きく，水蒸気量が比較的に少ないときでも 80％程度，多くなるほど増えて 90％以上になる．したがって，二酸化炭素による $L^{\downarrow}$ への寄与は 10 ～ 20％程度である．

温暖化・気候変動問題において二酸化炭素の増加が一般社会の問題になっているが，実際に重要なことは，広域の森林破壊・砂漠化などによって大気中の水蒸気量が変わることや，二酸化炭素濃度の増加による温暖化にともなって水蒸気量が変わることによる気候変化が問題である（第 2 章）．

むすび

CO_2 濃度が 300 ppm から 400 ppm に増えると $L^{\downarrow}$ は 1 W/m^2 程度増える．これによって温室効果が強まるだけであれば簡単だが，温暖化問題はそれだけではない難しさがある．温暖化によって気温が上昇すれば水蒸気量が増え，地表面に入る大気放射量 $L^{\downarrow}$ がより大きくなる．そうして，さらに温暖化すれば水蒸気量が増えて温暖化は進む．これは温暖化を増幅する働きである．仮に地球の惑星アルベド $A=0.3$，対流圏における気温の高度減率 $\Gamma=0.0065$℃/m，相対湿度は大気全層で 60％の一定とし，さらに地球を平均化した 1 次元の仮想大気の場合，地上気温 T_0 が 320 K（＝47℃）まで上昇すれば，$L^{\downarrow}$ と地表面が放出する長波放射量 σT_0^4 がほとんど等しくなる．この状態は「地球温暖化の暴走」の極限状態，すなわち T_0 は 320 K 以上には上昇しない（近藤，2021）．

これに対して温暖化の抑制作用もある．たとえば温暖化によって仮に雲量が増えれば，A が大きくなり地球に入る太陽放射量が少なくなり地球の温度は低下する．こうした増幅と抑制の多くの作用が釣り合いを保ちながら温暖化は進む．現在，これらの物理過程は正確にはわかっていない．そのための基礎的研究を推進しなければならない．

いっぽう社会・政治的な問題もある．2022 年に開催された国連気候変動枠組条約第 27 回締約国会議（COP27）では地球温暖化・気候変動による「洪水や干ばつ」などの被害を各国が協調して補償する「損失と被害」の基金設立で合意されたが，その具体的な内容は今後の課題となった．ここで，地球温暖化・気候変動が「干ばつと洪水」などにどれほどの割合で影響したかを見積もることは難しい．「干ばつと洪水」などは，その国の内乱などの不安定な社会・政治によって治水がおろそかにされてきた結果として起きるからである．

それを歴史から学ぶことができる．日本では内乱の絶えなかった時代には，広範囲にわたるコメの凶作のほとんどは「干ばつと洪水」によるものであり，現在の発展途上国の状況と同じであった．しかし，1600 年以後の平和となった幕藩体制下において，各藩は自国の安定と発展のために河川の改修，灌漑，森林保護策によって，干ばつと洪水は時代とともに克服されていった（近藤，

1987，18 章；Kondo, 1988)．また，太平洋戦争の戦前から戦後にかけては，ひとつの台風によって数百人から数千人の死者が出ており，終戦後 14 年も経過した 1959 年の伊勢湾台風では 5 千人の死者が出たことから人命尊重の時代となり，防災に力を注ぐようになった．平和であることが災害の少ない社会となる．

参考文献

会田 勝，1982：大気と放射過程．東京堂出版，pp. 280.

浅野正二，2010：大気放射学の基礎．朝倉書店，pp. 267.

気象庁，2022：日本の気候変化．

近藤純正，1987：身近な気象の科学——熱エネルギーの流れ．東京大学出版会，pp. 208.

近藤純正（編著），1994：水環境の気象学——地表面の水収支・熱収支．朝倉書店，pp. 350.

近藤純正，2012：日本の都市化における熱汚染量の経年変化．気象研究ノート，No. 224, 25–56.

近藤純正，2018：K173．日本の地球温暖化量，再評価 2018.
http://www.asahi-net.or.jp/~rk7j-kndu/kenkyu/ke173.html

近藤純正，2020：K210．温暖化の気温上昇率は季節により違うか？（平均気温）
http://www.asahi-net.or.jp/~rk7j-kndu/kenkyu/ke210.html

近藤純正，2021：K219．温室効果，CO_2 濃度と地表面の放射量．
http://www.asahi-net.or.jp/~rk7j-kndu/kenkyu/ke219.html

近藤純正，2022：K225．日本の地球温暖化，再解析 2022.
http://www.asahi-net.or.jp/~rk7j-kndu/kenkyu/ke225.html

Kondo, J., 1988: Volcanic eruptions, cool summers, and famines in the Northeastern part of Japan. *J. Climate*, **1**, 775–788.

Manabe, S. and R. Strickler, 1964: Thermal equilibrium of the atmosphere with a convective adjustment. *J. Atmos. Sci.*, **21**, 361–385.

2　温暖化は降水量を増やすか？

地球の気候（気温・降水量・天気などの状態）は太陽エネルギー（日射量：短波放射量）と大気の出す長波放射量によって大勢が決まる．さらに顕熱と潜熱は大気の鉛直運動によって運ばれ，同時に大気と海洋の南北方向の運動により低緯度から高緯度へ運ばれる．この過程によって現実の気候が形成されている．こうしたエネルギー循環の中で，水の役割は大きい．雲は太陽光を反射し，地球に入る太陽エネルギーを変える．水蒸気は大気組成の約0.4％にすぎないが，地球の温室効果で最大の役割を担っている．たとえば CO_2 濃度＝0.04％＝400 ppm とし，有効水蒸気量＝15 mm（15 kg/m^2）のときは大気放射量 $L^{\downarrow}=298$ W/m^2 であり，この約90％は水蒸気の寄与によるものである（第1章）．

水は地表面で蒸発し上空へ運ばれ凝結するとき潜熱が解放され大気を加熱し，降水となって地上に戻る．地球上の年平均降水量は約1000 mm/y で，年平均蒸発量に等しい．蒸発量は地表面のエネルギー保存則を表わす熱収支式によって決まる．地表面に吸収される短波放射量と長波放射量は，地表面から上向きの長波放射量 σT_s^4 と顕熱 H と蒸発の潜熱 ιE と地中（海中）へ伝わる熱 G に分配される．ここに，T_s は地表面温度，σ（$=5.67\times10^{-8}$ W/m^{2}K^4）はステファン・ボルツマン定数である．数年間の地球平均では $G\fallingdotseq 0$ と近似できる．地表面に吸収される放射量は，地表面から上向きの σT_s^4 と H と ιE へ分配される．その分配比は地上の気温などの条件に依存する．$H/\iota E$（ボーエン比）は低温時に大きく高温時に小さくなる．それらの解法は第8章で説明する．また詳細は近藤（1994）に説明されている．

この章では基本的な原理を理解するために，降水量の源である蒸発量が温暖化によって変わるか否かを調べる．地球全域ではなく，西太平洋の蒸発量について検討する．仮に，西太平洋の蒸発量が増えれば，その周辺を含むどこかで降水量が増えることになる．それを考察する前に，日本の降水量の長期変化を見ておこう．

降水量の観測には誤差がある

降水量は口径が0.2 mの受水器から雨量計に入った降水粒子（雨滴，雪片，氷片）を下方にある貯水びんに貯めて測っていたが，最近では，降水量0.5 mmごとに作動する転倒ます型の雨量計による自動観測が行なわれている．雨量計の設置方法とその周辺環境は時代によってわずかながら変化してきた．雨量計の周辺の風速が強くなると，降水粒子が受水口に入る割合（捕捉率）は小さくなる．捕捉率は雨量計のタイプによって異なり，風速5 m/s のとき雨で0.8前後，雪で0.5前後となり風速が強いほど小さくなる（近藤，2012）．そのため，受水器の周りに風除け（助炭）を付けて観測することもある．観測所によっては，雨量計が設置された観測露場の風速が近傍の建築物の増加や樹木の成長によって弱くなってきている．そのため，仮に降水量が一定としても観測値は時代とともに増えることになる．

このように降水量の観測方法は一定ではなく，時代による変更もあり，降水量の長期変化を正確に知ることは難しい．特に冬の降雪時の降水量の観測は不正確であるので，ここでは暖候期の降水量について考える．

日本の降水量の長期変化をみる

図2.1は日本の暖候期（5～9月）の気象庁観測所51地点平均の降水量の長期変化である．破線は11年移動平均値を示す．降水量には40～50年の周期的な変動が見られ，その変動幅は平均降水量の±8%程度である．なお，この図には，観測誤差の時代による違い，その他の自然変動も混在する．

図2.1に示すように，工業の近代化（1920～1940年）と高度経済成長時代（1960～1980年）は大気汚染による日射量の減少にともない周辺海域を含む広範囲で蒸発量が減少し，その結果として降水量が少なくなったと考えられる．太平洋戦争により多くの都市・工業地帯が焼失した時代（1943～1953年）は周辺海域も含めて空気がきれいになり日射量の増加により蒸発量が増加し，その結果として降水量が増加しているように思われる．さらに1980年代以後は日本のみならず世界全体として大気汚染は改善され，日射量の増加

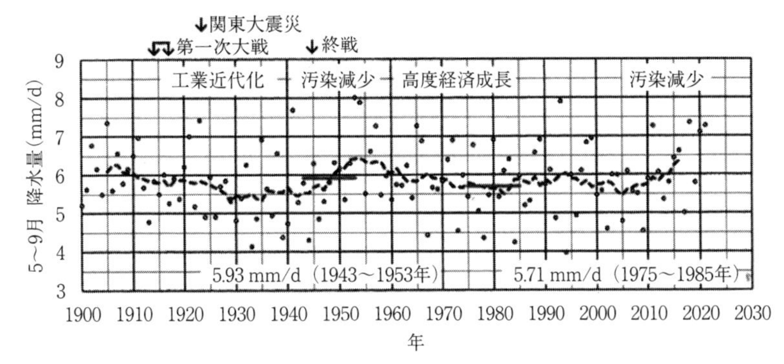

図 2.1　日本の暖候期（5～9 月）における 51 地点平均の降水量の長期変化（1900～2021 年），小丸印は各年の値，破線は 11 年移動平均（近藤，2021）.

により降水量が増える傾向にある．これらは汚染物質が放射量に働く直接的な影響である．

そのほかに間接的な影響もある．汚染物質すなわちエアロゾルは，雲ができるときの凝結核や氷晶核として働き，その種類によって物理化学特性が異なり雲の状態（雲の寿命，雲量，雲の厚さなど）を変える．すなわち，エアロゾルと雲の相互作用を介して降水に影響を及ぼす（荒木・佐藤，2018）.

蒸発量は温暖化でどう変わるか

日本における降水量の長期変化は，日本国内および周辺海域の蒸発量の長期変化と関係する．その場合，蒸発量が多い地域で降水量も多くなるのではない．蒸発によってつくられた水蒸気が移流・収束・凝結し降水となる地域で降水量は多くなる．

ここでは基本的な過程を理解するために，例として西太平洋の蒸発量が温暖化など長期の気候変化によってどのように変わるかを検討する．単純化し，2020 年を基準として考察する．2020 年の暖候期（5～9 月）における西太平洋（東経 180 度以西，緯度 0～38 度）の広域平均の条件として，観測に基づき気温＝26.5℃，相対湿度 rh＝0.83（＝83%），雲量 n＝0.65（＝65%）とすれば，熱収支式を解いた結果から広域平均の蒸発量＝3.73 mm/d が得られる．以後，この値 3.73 mm/d を「規準蒸発量」として比較する.

備考：熱収支式の解法

熱収支式とその解法は第8章で説明されるが，概要は次の通りである．海面上の気温，相対湿度，気温の高度減率を与えれば大気中の全水蒸気量がわかる．さらに雲量を与えれば海面上の下向き大気放射量と日射量が計算され，有効入力放射量（$R^{\downarrow} - \sigma T^4$）がわかる．有効入力放射量を与えて熱収支式を解けば海面から上向きに放出される顕熱・潜熱輸送量が計算される．この潜熱輸送量 ιE を換算して蒸発量 E を知ることができる．$\iota E = 100$ W/m^2 は $E = 3.53$ mm/d に相当する（詳細は近藤，1994，の第6章を参照のこと）．

将来，温暖化によって気温が＋1.5℃上昇し，相対湿度と雲量がともに5%増える場合（$rh = 88\%$，$n = 0.70$）と5%減る場合（$rh = 78\%$，$n = 0.60$）について，蒸発量が何%変化するかを計算してみよう．ここでは，海面のアルベド（反射率）は $ref = 0.06$ とする．計算された熱収支量の詳細は近藤（2021）の表2を参照のこと．地上における放射量は雲の状態（雲形，雲量，雲底高度）に依存するが，ここでは中層雲の雲量の変化で代表する．

(1) 気温が＋1.5℃上昇したとき，相対湿度と雲量に変化がない場合

気温が上昇すれば水蒸気量が増えて海面に入る大気からの放射量 $L^{\downarrow}$（大気放射量）は10.7 W/m^2 増加する．一方，水蒸気量が増えることにより日射量 $S^{\downarrow}$ は1.6 W/m^2 減少し，反射光を除き海面への入力放射量 $R^{\downarrow}$ [$= (1 - ref) S^{\downarrow} + L^{\downarrow}$] は9.2 W/m^2 増加する．その結果，蒸発量＝3.83 mm/d となり基準蒸発量に比べて **2.7%の増加**となる．

(2) ＋1.5℃の温暖化と同時に相対湿度も＋5%増加した場合

大気放射量は12.1 W/m^2 増加，日射量は2.5 W/m^2 減少し，反射光を除き海面への入力放射量は(1)の9.2 W/m^2 よりも多い9.7 W/m^2 増加する．しかし，海上の相対湿度が高いことが大きく影響し蒸発量＝3.57 mm/d となり基準蒸発量に比べて **4.3%の減少**となる．

(3) ＋1.5℃の温暖化と同時に相対湿度が逆に5%減少した場合

大気放射量は9.0 W/m^2 増加，日射量は（1）のときの1.6 W/m^2 の減少よりも少ない0.5 W/m^2 の減少となり，反射光を除き海面への入力放射量は（1）の9.2 W/m^2 よりも少ない8.6 W/m^2 増加する．しかし，海上の相対湿度が低

いことが大きく影響し蒸発量＝4.10 mm/d となり基準蒸発量に比べて**9.9%の増加**となる．

(4) +1.5℃の温暖化と同時に，雲量が+5%多くなるとした場合

大気放射量は 11.5 W/m^2 増加，日射量は 13.6 W/m^2 減少し，反射光を除き海面への入力放射量は基準時よりも 1.2 W/m^2 減少する．その結果，蒸発量＝3.59 mm/d となり基準蒸発量に比べて **3.8%の減少**となる．これは（2）にほぼ等しい．すなわち蒸発量に対して雲量の 5%の増加と相対湿度の 5%の増加はほぼ同じ影響を及ぼす．

(5) +1.5℃の温暖化と同時に，こんどは雲量が逆に 5%少なくなる場合

大気放射量は 9.8 W/m^2 増加，日射量も 8.7 W/m^2 増加し，反射光を除き海面への入力放射量は基準時よりも 18.0 W/m^2 増加する．その結果，蒸発量＝4.04 mm/d となり，基準蒸発量に比べて **8.3%の増加**となる．これは（3）にほぼ等しい．すなわち蒸発量に対して雲量の 5%の減少と相対湿度の 5%の減少はほぼ同じ影響を及ぼす．

以上の通り，ここでは温暖化にともない相対湿度と雲量が変化した場合について検討し，温暖化による気温 1.5℃の上昇，雲量の±5%の変化，相対湿度の±5%の変化による西太平洋の蒸発量の変化は−4.3%～+9.9%の範囲内であることがわかった．これは，図 2.1 に示した日本国内における降水量における 40 ～ 50 年の周期的な変動幅の±8%と同程度である．

現実には，たとえば高山や極域の氷河・海氷の面積，温帯・熱帯域の植生，その他も変化する．この変化が逆に気候に影響する．地球のシステムには温暖化を増幅または抑制する働きがあり，これらを正しく予測することは困難である．観測によってのみ気候変化を知ることができるが，観測には誤差が含まれる．

さらに，人間活動による地表面の改変がある．再生可能エネルギーによる発電として広範囲に多数の風車を設置し，風のエネルギーを電気エネルギーに変換すれば，その地域の風速は弱められる．日中の風速が弱くなれば気温が上昇する．太陽光パネルも広範囲に設置すれば，地域の気候を変化させる．いっぽう，原子力発電所を設置すると，戦争やテロによって破壊される危険がある．電気エネルギーは，最終的に人工排熱となり大気を温める．大・中

都市では高温・乾燥化が大きく，人工排熱がその一因である．このように気候を変化させるファクターは，人間によるさまざまな社会経済活動にもあることに留意する必要がある．

森林破壊による降水量の減少

広範囲の地表面を農地にするための開発などによって人為的に変えれば，気候への影響が生じる．その例が南米のアマゾン流域や東南アジアのボルネオ島とインドシナ半島で生じている．ボルネオ島では，熱帯雨林が農地化のために伐採され，山火事も頻発しているという．ボルネオ島は世界で 3 番目の面積をもつ島である．1950 年代は全面積の 90％以上が熱帯雨林であったが，伐採による森林破壊が 1.7％/y の割合で進んでおり，その影響と考えられる現象が生じている．

図 2.2 はボルネオ島全域における 1950 年以後の降水量の経年変化である．降水量は 1950 ～ 1965 年の 2400 mm/y から 2000 年代には 2000 mm/y に 20％ほど減少している．面積の広いボルネオ島では，森林の減少により大気への水分供給源である蒸発散量が減少し，その結果として降水量が減少したと考えられている（Kumagai *et al.*, 2013）．なお，図 2.2 に示されている 1997 ～ 2000 年の少ない降水量は，1997 ～ 1998 年に起きた強いエルニーニョ現象によるものと考えられている．赤道付近の海水温度の高い暖水域は通常，イン

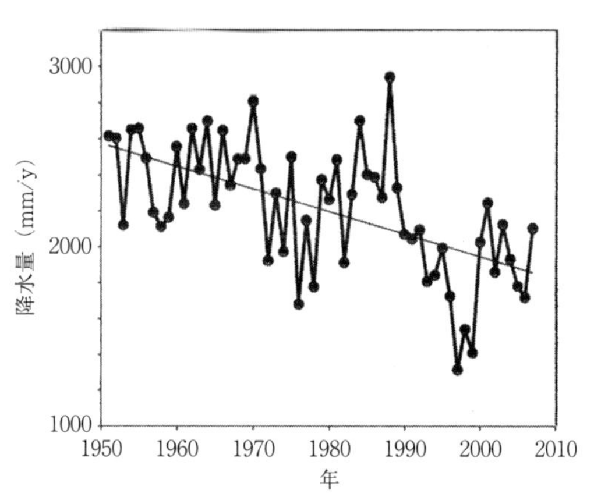

図2.2　ボルネオ島全域の降水量の経年変化（Kumagai *et al.*, 2013）．

ドネシア付近にありボルネオ島などでは降水量は多いが，貿易風が弱くなるエルニーニョ現象のとき暖水域は東にずれて，インドネシア付近の降水量は少なくなる．

ボルネオ島とは別に，インドシナ半島でも，特にタイでは人口増加と森林伐採の拡大によって降水量への影響が見られる．タイ国の森林地の割合は1961年に54%であったが1993年には26%に減少している．降水量の減少は偏西風の強いモンスーン期には有意な変化は見られないが，モンスーンが弱まる9月には現れている．9月の降水量の1951～1994年の約40年間について線形回帰の減少傾向で表わすと300 mm/monthから200 mm/monthへ約30%も減少している（Kanae *et al.*, 2001）．

ポテンシャル蒸発量（E_p）とは

蒸発量は下向き放射量が多く，気温が高いほど多くなる．また，大気が乾燥しているほど，風速が強いほど蒸発量は多くなる．こうした気候（気温，湿度，風速，放射量）の特徴を表わすために湿った標準面からの蒸発量として，ポテンシャル蒸発量E_pを導入する（近藤，2000，7.5節）．E_pは通常の気象観測資料（気温と比湿と風速の日平均値，および日射量の日平均値または日照時間）を用いて熱収支式から計算できる．E_pは日本の代表的な気象観測所で以前に観測されていた口径1.2 mの大型蒸発計からの蒸発量に近似的に等しい．砂漠ではE_pが大きく，灌漑すれば蒸発量が多くなるように，そのポテンシャル（可能な量）が高いことを表わす．

たとえば数地点で，数年間にわたり蒸発量Eを観測し，蒸発量の違いが気候条件によるものか，気候以外の条件の違いで生じたかを判断するとき，Eを基準とするE_pで割り算したE/E_pの値について検討すればわかりやすい．具体的には，たとえば昨年のE=1000 mm/yに対して，今年がE=800 mm/yであるとする．この違いの原因は昨年と今年の気候の違いによるものか，それとも松枯れ病などによるものか不明のとき，EとE_pを比較すればわかる．仮に今年のE_pが20%ほど小さくなっていれば，観測値Eの減少は気候の違いによるものと判断できる．今年の気温が低く，または湿度が高くなっていれば今年のE_pは小さくなる．一方，E_pが昨年も今年もほぼ同じであるにもかかわらず，Eの観測値が小さくなっていれば，たとえば松枯れ病，あるいは工事によって地中の水分量が減少するなどの原因で E が減少したと考えることができる．

E_p を求めるときの注意

風速の観測値は，観測所のごく近傍の地物や地形の影響を受ける．そのためやや広い地域を代表する E_p を求めるときの風速は，それら影響を除くため高度 50 m の地域代表風速を用いる（近藤・中園，1993）．

地域代表風速を用いて求めたポテンシャル蒸発量 E_p（1986～1990 年，5 年間平均）は，次の通りである．日本の 66 か所のうちの一部を挙げると，網走は 700 mm/y，寿都は 782 mm/y，宮古は 849 mm/y，高田は 907 mm/y，前橋は 1070 mm/y，静岡は 1128 mm/y，浜田は 991 mm/y，彦根は 975 mm/y，潮岬は 1156 mm/y，宮崎は 1090 mm/y，土佐清水は 1204 mm/y，石垣島は 1292 mm/y，南大東島は 1364 mm/y である（近藤，1997）．

森林破壊と蒸発散量・降水量の関係

広域の森林破壊などによって降水量が減少した場合，蒸発散量と流出量（水資源量）の関係がどのように変わるかについて考察しよう．

図 2.3 は日本各地の森林（高地は含まない）における降水量と蒸発散量の関係を示し，斜めの直線と破線の縦軸上の差が流出量（水資源量）に相当する．ただし，縦軸・横軸はポテンシャル蒸発量 E_p で割り算し無次元化してある．流出量は，地中に浸透し地下水に，そして河川流となり，住民の生活

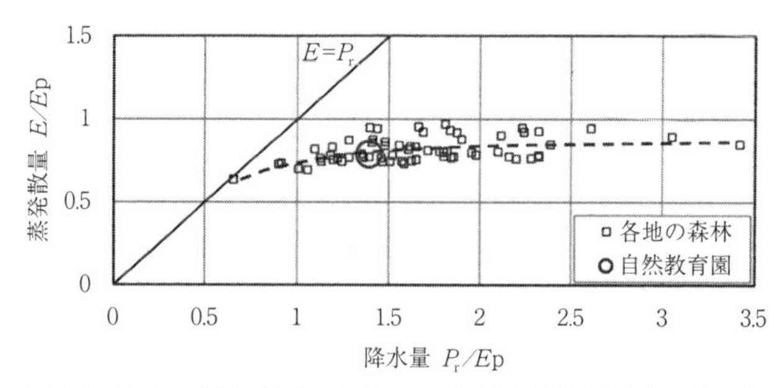

図 2.3　日本の森林（東京の国立科学博物館附属自然教育園含む）における年降水量 P_r と年蒸発散量 E の関係（近藤，2016，図 124.2 の対数目盛を線形目盛に変更）．

用水・工業用水や耕地の灌漑水となる．

図 2.3 に描かれた破線の位置は，森林破壊が起きれば森林は原野化するなどにより，下にずれることになる．位置がずれる場合もずれない場合も，降水量が減少すれば水資源量は変わる．たとえば，P_r/E_p が 1.5 から 1.0 に減少すれば無次元化した水資源量は 0.7 から 0.3 に減少する．

地上気温が高いほど極端に激しい降水が強くなるか？

温暖化にともない集中豪雨のような激しい降水現象の発生頻度が高くなる，という報告がある．これは正しいのだろうか？　すでに説明したように，降水量の観測方法は時代によって変更され，また雨量計が設置されている気象観測所の露場の環境変化により，観測される降水量に含まれる誤差は時代によって変化してきており，誤差の補正は難しい．こうした長期間の統計ではなく，10 年程度の短期間データから，まれに起きる極端に激しい降水の短時間の降水強度と日平均気温の関係を調べた研究がある．

Utsumi ら（2011）は北海道，九州，および南西諸島から 17 観測所を選び，1980 ～ 2004 年（1 時間降水量）と 1995 ～ 2004 年（10 分間降水量）の観測データを用いて統計的な結果を求めた．その際の用語の定義は次の通り．

激しい降水日：日平均気温の区分ごとに日降水量を求め，その中の上位 10％に入る降水日とする．

P_{inst} **（平均瞬間降水強度）**：激しい降水日の「日降水総量÷降水の全時間」

WTF（降水時間分率）：激しい降水日の平均降水時間÷1 日の長さ

これら 2 つは 10 分間データから求めた．

P_d **（極端な日降水強度）**：日平均気温の区分ごとに日降水量を求め，その中の上位 1％に入る日降水量（1 時間データから）．

図 2.4 は九州の 7 観測所について得た関係である．上図に描かれた P_{inst} は，他のプロットと重ならないように 10 倍してプロットしてある．縦軸は対数目盛で表わし，単位は mm/d に換算してある．

図 2.4 に示すように，P_{inst} は日平均気温が高温になるにしたがって指数関数的に大きくなる．斜めに描かれた細い破線は飽和水蒸気圧と気温の関係を表わす関数の形状（近似的に指数関数）であり，P_{inst} とほぼ同じ傾向にある（10 分間降水の降水強度と気温の関係も同様である）．すなわち，激しい降水

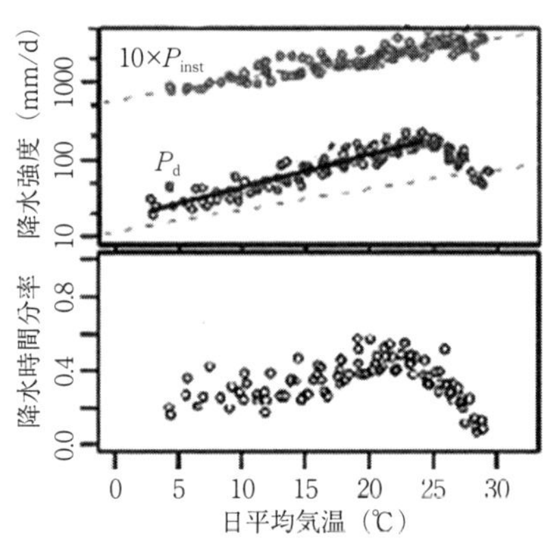

図 2.4　降水強度（対数目盛）と日平均気温の関係（上図），激しい降水日における降水時間分率（WTF）と日平均気温の関係（下図）（Utsumi *et al.*, 2011，の図 3c より加工）．

日の1時間未満の降水強度はその観測地点の飽和水蒸気圧に比例している（降水強度は観測地点の上空に含まれる水蒸気量と周辺から収束する水蒸気量の合計に比例する）．北海道と南西諸島の P_{inst} もこの図と重なる．このことから，温暖化が1時間未満の短時間の降水現象を激化させる可能性を示している．しかし，P_{inst} と気温の関係は現在の気候から得られたものであり，この関係が地球規模の気候変動で変わらないかどうか，については今後の課題である．

一方，上図に描かれた P_d（極端な日降水強度）は日降水量の降水強度であり，横軸が低温の範囲では日平均気温とともに単調に増加するが約23℃以上の高温範囲では単調に減少している（図示していないが，1時間降水量や6時間降水量の降水強度と日平均気温の関係でも同様である）．降水強度の高温範囲における減少傾向は，個々の嵐の降水強度の減少ではなくて，下図に示すように日平均気温が約23℃以上のとき，降水時間が日平均気温とともに短くなることに起因している．なお，この日降水量に関する P_d についての関係は他の地域を含むグローバルな関係と同じである（Utsumi *et al.*, 2011）．

参考：飽和水蒸気圧

飽和水蒸気圧 e_{SAT} と温度 T（K）の関係は，クラウジウス・クラペイロンの式を変形して，次のように表わされる．e_0 と c と j をある定数または係数として，

$$e_{SAT} = e_0 \times \exp\left(-\frac{c}{T}\right) \doteqdot e_0 \times \exp(jT) \tag{2.1}$$

ここに，exp は指数関数を表わし，exp x は e^x のことである．図 2.4（上）に描かれた斜めの破線は $e_{SAT} \propto \exp(-c/T)$ の形状を表わしている．

なお，温度 T を℃で表わすとき，$T=0$ ～ 40℃の範囲では近似式 $e_{SAT} \doteqdot e_0 \times \exp(jT)$ は 5%の誤差を含む．

実用的には，平らな水面上および氷面上の飽和水蒸気圧を高精度で表わすときテテンス（Tetens）の近似式が利用されている（近藤，1994，第 2 章）．

重要な放射量の監視

すでに述べたように，下層大気の気温と相対湿度と雲の状態の変化によって地表面に入る放射量が増えれば蒸発量も増え，その結果として周辺地域を含むどこかで降水量も増えることになる．それゆえ，気候変化の監視として，放射量の高精度観測が重要となる．以前に比べて最近の放射量の観測精度はよくなってきている．気象庁では国内 5 観測所（網走，つくば，福岡，石垣島，南鳥島）で放射量（短波の直達日射量と散乱日射量，長波の大気放射量）を観測している（気象庁，2022）．ここに直達日射量とは，太陽の光球の範囲から直接地表面に届く日射量で太陽光線に垂直な面に入るエネルギーである．全天日射量（水平面日射量）は直達日射の水平面成分と散乱日射の和である．散乱日射は太陽光が空気分子と微粒子（雲粒や汚染物質など）により散乱・反射されて地上に届く短波放射である．

以下では，天気の状態が年間を通して比較的安定な南鳥島（153° 59′E，24° 17′N，標高 7.1 m，2010 年 4 月から観測）について，短い 12 年間であるが試験的に調べてみよう．放射量の観測値と比較する放射量の計算では，雲の状態として上・中・下層雲のうち中層雲の雲量変化を代表として用いる．

図 2.5（上）は南鳥島における地上気温 T の経年変化である．斜めの直線は 12 か月移動平均値を 1 次式で表わしたもので，気温上昇率＝0.125℃/y で

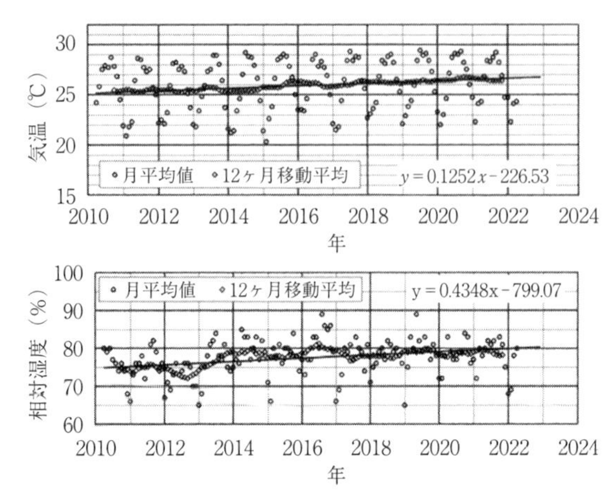

図 2.5　南鳥島における月平均地上気温と相対湿度の変化，2010 年 4 月以後．横座標の目盛の位置は各年の 1 月，たとえば 2022 年のプロットは 2022 年 1 月の値である．

ある．12 年間の上昇量＝0.125℃/y×12y＝＋1.50℃である．同様に相対湿度の上昇量＝0.435%/y×12y＝＋5.2% である。これら上昇量が放射量の観測値と矛盾していないか確認することにしよう．

まず気温について調べる．この 12 年間の平均気温は約 26℃であり，温度差 1℃当たりの黒体放射量（σT^4）の変化割合は 6.08(W/m^2)/℃である．地上気温の上昇量 1.50℃に対応する黒体放射量の増加量は 6.08(W/m^2)/℃×1.50℃＝＋9.12 W/m^2 になる．この＋9.12 W/m^2 が放射量の観測値に見られるか？

図 2.6 は，地上における下向きの大気放射量を $L^{\downarrow}$としたとき，大気層の射出率（$=L^{\downarrow}/\sigma T^4$）と有効水蒸気量の全量 w^*_{TOP}（第 1 章）の関係である．射出率は w^*_{TOP} が小さい（気温が低く水蒸気量が小さい）ときは雲の状態（雲量，雲形，雲底高度）によって大きく変わるが，w^*_{TOP} が大きい（気温が高く水蒸気量が多い）ときは雲の状態（雲形，雲量など）への依存性は弱くなる．雲もあり気温 26.5℃，相対湿度 83%（水蒸気圧＝29 hPa）のとき 0.9 前後になる．

観測では，図 2.7（最上図）によれば大気放射量 $L^{\downarrow}=400$ W/m^2 であり，また図 2.5（上図）によれば $T=273.2+26$℃＝299.2 K（$\sigma T^4=454$ W/m^2）である

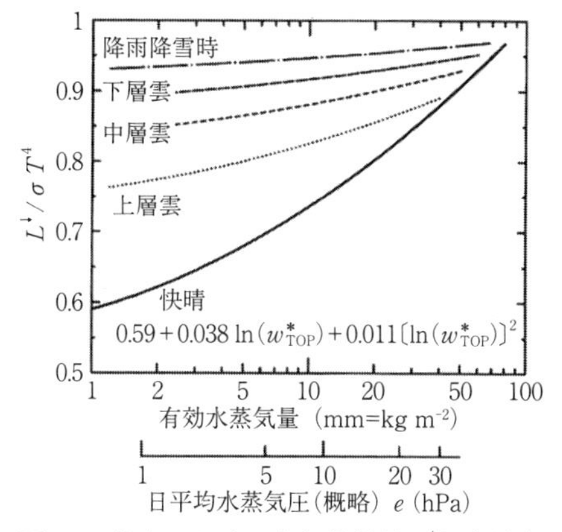

図 2.6　地上における大気放射量 $L^{\downarrow}$と有効水蒸気量の全量 w^*_{TOP} との関係，ただし縦軸は地上における日平均気温 T に対する黒体放射量 σT^4 で割り算してある（近藤，2000，図 2.23 より転載）．

ので，$L^{\downarrow}/\sigma T^4=400/454=0.88$ である．この 0.88 を用いれば，12 年間の大気放射量の増加＝黒体放射量の増加量×$L^{\downarrow}/\sigma T^4$＝9.12 W/m^2×0.88＝＋8.0 W/m^2（計算値：気温上昇の観測値から予想される大気放射量の増加）となる．

図 2.7（最上図）の観測値の示す大気放射量の増加＝大気放射量の増加率×12y＝0.7167（W/m^2）/y×12y＝＋8.6 W/m^2（観測値）となり，両者（＋8.0，＋8.6 W/m^2）はほぼ一致している．つまり，12 年間の気温上昇量 1.5℃は大気放射量の増加（＋8.6 W/m^2）として現れている．短い 12 年間についての計算値（予測値）と観測値がほぼ一致することがわかった．今後の温暖化・気候変化を調べるときのために，以下では細部について検討しておこう．

放射量の微小差を検討する

図 2.7 によれば，12 年間の直達日射量の増加≒＋1.30（W/m^2）/y×12y＝＋15.6 W/m^2，散乱日射量の増加≒－0.25（W/m^2）/y×12y＝－3.0 W/m^2，全天日射量（水平面日射量）の増加≒0.27（W/m^2）/y×12y＝＋3.2 W/m^2 であり，いずれも雲量の減少傾向を意味している．全天日射量の増加＋3.2 W/m^2 は雲量の 1.6％の減少に相当する（詳細は近藤，2021，の表 2 を参照）．

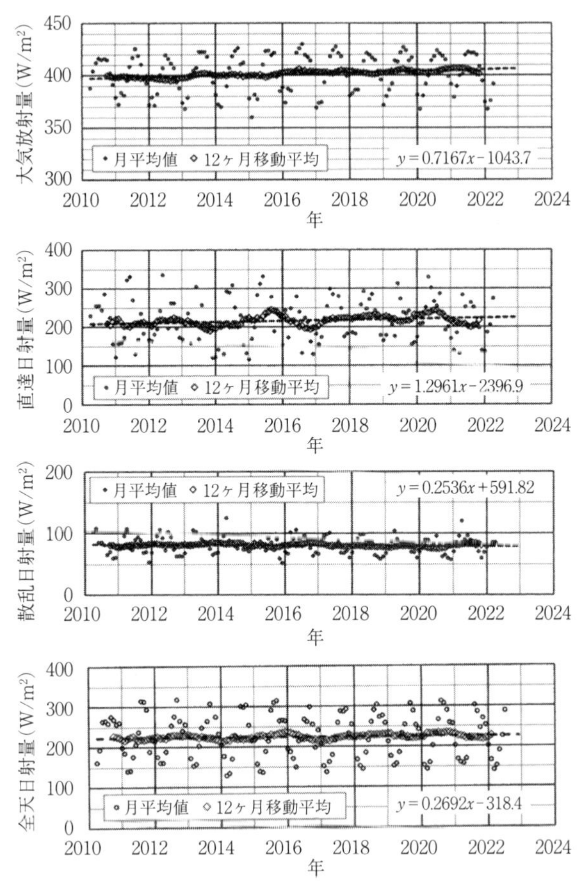

図 2.7　南鳥島における放射量（日積算量から求めた 24 時間平均値の月ごとの平均値）の変化．上から順番に，大気放射量，直達日射量，散乱日射量，全天日射量（水平面日射量），2010 年 4 月以降．横座標の目盛の位置は各年の 1 月，たとえば 2022 年のプロットは 2022 年 1 月の値である．

前述の 12 年間の大気放射量 $L^{\downarrow}$の増加＝＋8.0 W/m^2（計算値）は雲量の変化を考慮しない場合の値であったが，全天日射量（水平面日射量）の増加から求めた雲量の 1.6％の減少によって大気放射量 $L^{\downarrow}$はいくら減少するか？気温 26.5℃，相対湿度 83％（水蒸気圧＝29 hPa）のとき，雲量の 5％の減少は大気放射量 $L^{\downarrow}$の 0.9 W/m^2 の減少となるので，雲量の 1.6％の減少は大気

放射量 $L^{\downarrow}$の 0.3 W/m^2（＝0.9 W/m^2×1.6％ /5％）の減少となる．したがって，気温の 1.5℃の上昇と雲量の 1.6％の減少による大気放射量の増加分＝＋8.0 W/m^2 −0.3 W/m^2＝＋7.7 W/m^2（計算値）となる．

図 2.7（最上図）に示す大気放射量 $L^{\downarrow}$の 12 年間の増加量＋8.6 W/m^2（観測）との違いは 8.6 W/m^2−7.7 W/m^2＝0.9 W/m^2 である．大気放射量の予想値（計算値）を 0.9 W/m^2 だけ大きくするのは相対湿度の増加によるとすれば，相対湿度は 12 年間に＋3.2％増加したことになる（近藤，2021，表 2 を参照）．一方，南鳥島での相対湿度の観測値（図 2.5 下）では 0.0435％/y×12y＝＋5.2％の増加になっており，相対湿度の計算値（予想値）と観測値の違いは 2％（＝5.2％−3.2％）となる。

以上は放射量の観測誤差がゼロとして見積もった結果であり，気温，相対湿度，大気放射量，日射量（直達日射量，反射日射量，全天日射量）の各々の増・減は互いに矛盾しないが，定量的に不一致（微小な誤差）があった．大気放射量の不一致量 0.9 W/m^2 は観測値 $L^{\downarrow}$の平均値 400 W/m^2 の 0.2％の微小値であり，放射量の観測誤差と見なしてもよいだろう．あるいは，気温変化の図 2.5（上）に示した気温上昇率≒0.125℃/y に含まれる誤差によるものとすれば，その誤差は 0.012℃/y であり，12 年間のプロットのバラツキの大きさから生じうる。

以上の考察を要約すれば，南鳥島の 12 年間の気温上昇量 1.5℃は大気放射量の増加でおおよそ説明される．なお，南鳥島の 12 年間の気温上昇量 1.5℃は，この期間の日本平均の気温上昇量とおおよそ一致している（第 1 章の図 1.4）．

ここでは，試験的に 12 年間の短い期間について比較したが，今後この方法で 30 年以上の長期にわたり日射量と大気放射量の監視を続ければ，長期的な温暖化・気候変化にともなう気温上昇のほかに，相対湿度や雲の状態（雲量，雲の種類，雲底高度）に大きな変化がないか，同時に知ることができる．その意味で，放射量の高精度の監視が重要となる．

参考：有効水蒸気量の全量を表わす実験式

放射量の計算に用いる有効水蒸気量の全量 w^*_{TOP} は，正確には第 1 章の式（1.4）で表わされるが，極端な逆転層が存在するような特殊な場合を除けば，地上の日平均水蒸気圧 e を用いて次の実験式（近似式）で表わすことができる．

$$w^*_{\mathrm{TOP}} = -0.0007e^3 + 0.0389e^2 + 0.749e + 1.428 \qquad (2.2)$$

また，可降水量 w は近藤（2000）の式（A2.7），すなわち次式で表わされる．

$$w = 1.234\ w^*_{\mathrm{TOP}} - 0.21 \qquad (2.3)$$

ただし，e の単位は hPa，w^*_{TOP} と w の単位はいずれも水の厚さ mm（＝kg/m^2：1 平方m当たりの水の質量）である．

むすび

地球温暖化により気温が上昇すれば，地表面への入力放射量 $R^{\downarrow}$が増えて蒸発散量が増加し，その結果として地球平均の降水量は増えることになる．しかし，温暖化によってその他の要素がどのように変化するのか正確には予測できない．さらに，森林破壊など人為的な地表面の改変によっても蒸発散量が変化する．降水量の長期変化は注意深い観測によってのみ知ることができる．その場合，大気中の水蒸気量や雲の変化が放射量の変化として現れるので放射量の高精度観測が重要となる．放射量の観測方法と測器の機種（型式）は 30 年間変えない．機種を変更する場合は，新・旧の機種で 3 年間の並列観測を行ない，ズレがあれば補正して，正しい放射量の長期変化を知ることにしよう．

参考文献

荒木健太郎・佐藤陽祐，2018：エアロゾル・雲・降水相互作用の数値シミュレーション．*Earozoru Kenkyu*, **33**(3), 152-161.

気象庁，2022：各種データ・資料 / 日射・赤外放射に関するデータ集．https://www.data.jma.go.jp/env/radiation/data_rad.html（2022 年 7 月 20 日参照）

近藤純正（編著），1994：水環境の気象学――地表面の水収支・熱収支．朝倉書店，pp. 350.

近藤純正，1997：日本の水文気象（5）：ポテンシャル蒸発量と気候湿潤度，水文・水資源学会誌．**10**，450-457

近藤純正，2000：地表面に近い大気の科学――理解と応用．東京大学出版会，pp. 324.

近藤純正，2012：地上気象観測．天気，**59**，165–170.

近藤純正，2016：K124．各種地表面の蒸発量と熱収支特性．
http://www.asahi-net.or.jp/~rk7j-kndu/kenkyu/ke124.html

近藤純正，2021：K223．暖候期日本の降水源・周辺海域の蒸発量．
http://www.asahi-net.or.jp/~rk7j-kndu/kenkyu/ke223.html

近藤純正・中園 信，1993：日本の水文気象（4）：地域代表風速，熱収支の季節変化，舗装地と芝生地の蒸発散量．水文・水資源学会誌，**6**，9–18.

Kanae, S., T. Oki, and K. Musiake, 2001: Impact of deforestation on regional precipitation over the Indochina Peninsula. *J. Hydrometeor.* **2**, 51–70.

Kumagai, T., H. Kanamori, and T. Yasunari, 2013: Deforestation-induced reduction in rainfall. *Hydrol. Process.* **27**, 3811–3814.

Utsumi, N., S. Seto, S. Kanae, E. E. Maeda, and T. Oki, 2011: Does higher surface temperature intensify extreme precipitation? *Geophys. Res. Letters.* **38**, L16708, doi:10.1029/2011GL048426, 2011.

3　都市の気候と日だまり効果

都市では，地球温暖化とまったく異なる原因により平均気温が上昇している．都市化昇温と呼ばれる現象である．大都市では都市化昇温が地球温暖化による昇温を大きく上回っており，夏の猛暑日に起きる熱中症の原因となっている．都市化昇温の長期的な傾向として，最高気温の上昇に比べて最低気温の上昇が特に大きくなる．都市化昇温は，緑地の減少とビルや舗装道路の増加，人工的な排熱量の増加，その他の要因によるものである（近藤，2011，表 59.4）．

（1）蒸発散量の多い緑地が減少すると地表面の潜熱輸送量が減少し，そのぶん地表面温度の上昇となり顕熱輸送量が増加し，地上気温が 1 日を通して高くなる（近藤，1987，図 17.5）．人工的な排熱量の増加も同様に寄与する．

（2）舗装道路やコンクリートなどは熱慣性が大きいために温度変化が鈍く，地表面温度の日変化の振幅が小さくなる．その結果，（1）と合わせて最低気温が下がりにくくなる．ここに，熱慣性 $= (C_G \rho_G \lambda_G)^{1/2}$ である，ただし C_G は比熱，ρ_G は密度，λ_G は熱伝導度である．

年最低気温の上昇

たとえば，北海道の旭川では 1889 ～ 1920 年ころの年最低気温は－30 ～－35℃，1902 年に－41℃の最低気温を観測している．しかし，最近の年最低気温は－20 ～－25℃程度となり，100 年間に約 10℃も上昇した．東京大手町では，1900 年ころの年最低気温は－6℃前後であったが，2000 年ころは 0 ～－2℃となり，100 年間に 5℃の上昇である．都市ではこうした傾向により，冬に死滅していた害虫なども越冬できるようになった（近藤，2004）．

都市化昇温観測の実際

図 3.1 は東京（大手町）の都市化昇温の経年変化である．縦軸の都市化昇温量＝(東京の気温－周辺 9 地点の補正した平均気温) である．9 地点は日光，相川，伏木，高田，飯田，石廊崎，御前崎，敦賀（彦根），潮岬である．第 1 章で説明したように，9 地点の気温観測値は時代による観測方法・測器の変更などによる誤差を含むので補正し，さらに観測露場が狭くなることによって生じる「日だまり効果」（後述）による誤差と都市化による昇温量を除いた気温である．図 3.1 に示す東京の都市化昇温量には，日だまり効果による平均気温の上昇量も含まれている．

東京の都市化昇温量は，基準の 1910 ～ 1925 年の平均気温からの昇温量であり，関東大震災（1923 年）の後，焼失した都心部は急速に近代化された結果，約 0.5℃の昇温があった．太平洋戦争で再び焼け野原となったが再復興が進み，東京オリンピック開催年の 1964 年を含む高度経済成長時代（1955 ～ 1973 年）に都市化がいっそう進んだ．急激な都市化昇温の時代は 1980 年ごろまで続き，2010 年代の都市化昇温量は 2.0℃となった．東京の気温を測る観測露場は 2014 年 12 月 2 日に大手町から北の丸公園の森林内の，とくに風通しの悪い場所に移転したため，年平均気温は 0.62℃低下した．それゆえ，2015 年以後は東京都心部を代表するビル街ではなく森林内の特に風通しの悪い環境を観測していることになる．なお，晴天日中の気温は後の「日だまり効果」の項で説明されるように，北の丸公園内の観測露場ではビル街よりも

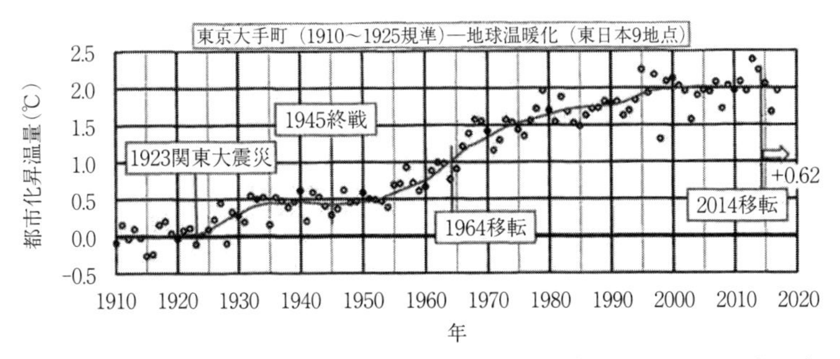

図 3.1　東京大手町の都市化昇温量の経年変化，基準年は 1910 ～ 1925 年．東京の観測露場は 2014 年 12 月 2 日に大手町から北の丸の森林内に移転し，年平均気温は 0.62℃下降したので，2015 年以後のプロットは北の丸露場における観測値に＋0.62℃を加えた値を大手町の気温としてある（近藤，2018，図 174.3）

高温に観測される．

図 3.2 は 2019 年時点における全国 50 地点の都市化昇温量の一覧である．ただし，1920 年からの昇温量であり，約 1℃の地球温暖化量（縦縞）に対して都市化昇温量が 1℃以上の地点は 50 地点中 15 地点である．東京の都市化昇温量は 2℃であり，地球温暖化量（約 1℃）の 2 倍に相当する．なお，全国 91 地点の都市化昇温量の経年変化（10 年ごと）は近藤（2012a）に示されている．

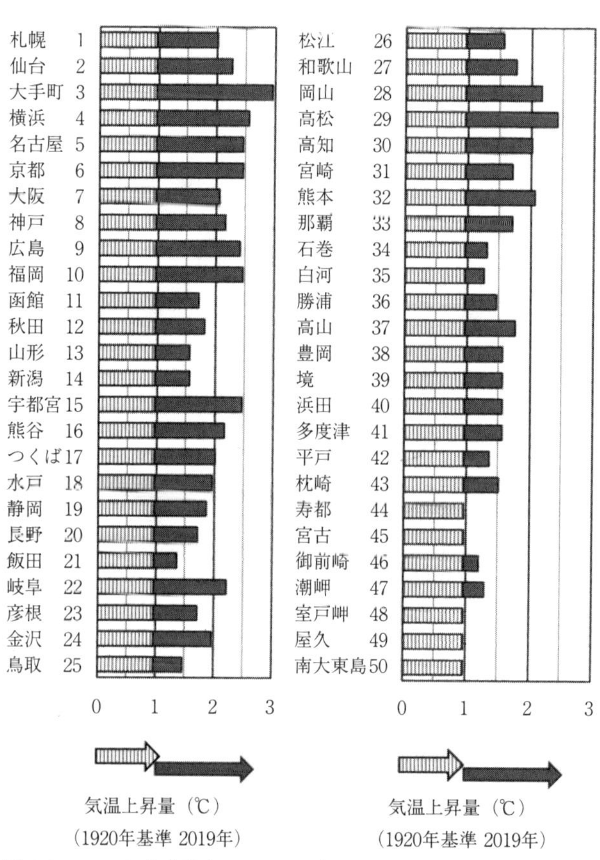

図 3.2　1920 年を基準とした 2019 年時点における日本の 50 地点の地球温暖化量（縦縞）と都市化昇温量（黒塗り）の和（近藤，2020b，図 209.3）．

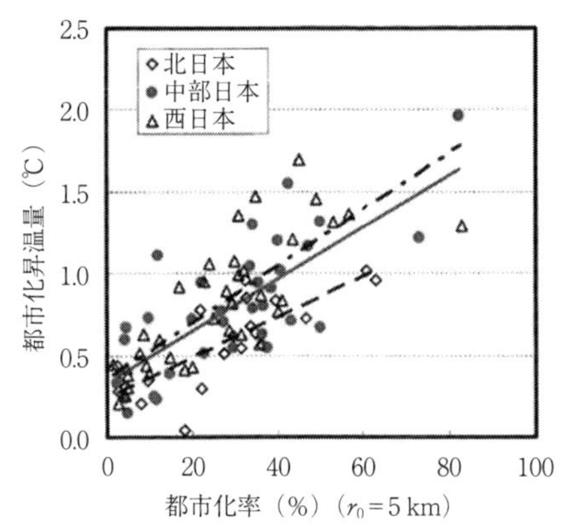

図 3.3　都市化昇温量と都市化率の関係
（桑形ほか，2012；近藤，2012a，図 2.12）．
破線は北日本，実線は中部日本，一点鎖線は
西日本の関係を示す．

図 3.3 は全国 91 都市に設置されている各観測所を中心とした半径 5 km 内の都市化率と都市化昇温量の関係である．都市化率とは，国土数値情報（国土地理院発行）の土地利用メッシュデータを用いて求めた，都市とみなされる建物用地と幹線交通用地の割合である（桑形ほか，2012；近藤，2012a）．

各プロットにバラツキがあるのは，各観測所の風速が異なることによる．都市化昇温量は，年平均風速が弱い内陸盆地などで大きく，年平均風速が強い観測所では小さく，近似的に年平均風速に反比例する．ただし，風速計の設置高度は観測所ごとに異なるので，高度 50 m に換算したときの風速を用いた．

以上は，各観測所における都市化昇温の年平均値について説明した．日中と夜間の短時間の気温については，後述の「日だまり効果とは」で説明する．

都市は乾燥化しているか

都市では植生地の減少にともない，舗装面積が増えることで雨水のほとんどは排水され，蒸発散量が減少し大気は乾燥する．気温も都市化によって昇温するため，相対湿度はいっそう低下する．図 3.4 は東京における相対湿度の経年変化である．年平均値と寒候期（12 ～ 3 月）と暖候期（6 ～ 9 月）に

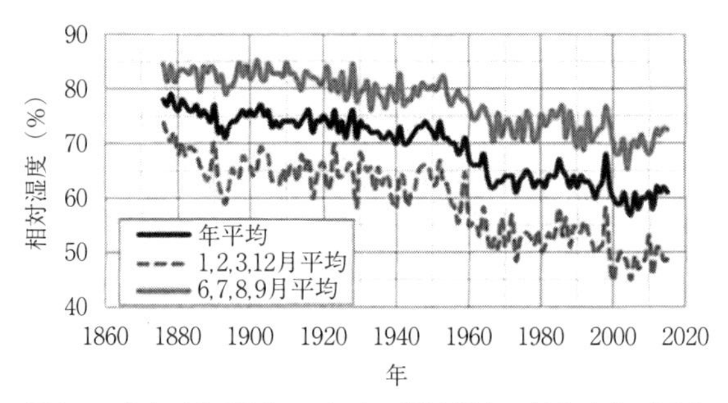

図 3.4　東京（大手町）における相対湿度の経年変化（近藤，2016c，図 134.3）．

分けて示した．いずれも，ほぼ同じ割合で相対湿度が低下している．東京の相対湿度は，1880 年ころの 78％から 2010 年ころの 60％に，18％も低下している．

ところで，水蒸気量（相対湿度）の観測の測器・統計方法は時代によって変更されてきたため，観測値の補正は複雑である（Kondo, 1967）．それゆえ，正しく知るために 1950 年以後のみについて調べてみる．相対湿度は気温と同様に年々変動が大きいので，各都市の相対湿度として 11 年移動平均したなめらかな変化傾向を求めた．

図 3.5 は北日本・中部日本・西日本の都市における相対湿度の変化（1960 年と 2000 年の差）と都市化昇温量（2000 年と 1960 年の差）の関係である．91 地点のうち，移転による相対湿度の不連続が生じた地点を除く 80 地点についての関係である．全体として，都市化昇温量と相対湿度の低下量はほぼ反比例の関係にある．

参考：湿度の長期変化には誤差がある

昔の湿度の観測方法は，温度計 2 本を使って，一方の受感部（水銀だまりの球状形）にガーゼを巻き水で濡らしたときの湿球温度と，温度計の温度（乾球温度）の差から，湿度を求めていた．これら 2 本の温度計を乾湿計と呼ぶ．1950 年 1 月から 1970 年代までは乾湿計の受感部に外気を当てる「アスマン通風乾湿計」が使われるようになった．そうして，乾球温度と湿球温度の差から湿度を求めるときに用いる「乾湿計定数」が変わった．乾湿計定

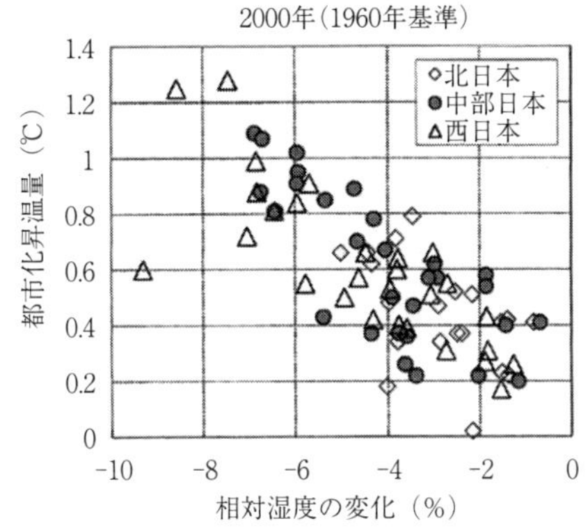

図 3.5 2000 年時点の都市における相対湿度の低下と都市化昇温量との関係，1960 年を基準とする（近藤，2012a）.

数は，正確には通風速度と湿球温度計の球部の大きさによって変わる.

気象庁では，1971 年以降は順次，地上気象観測装置が導入され，おおむね 15 年ごとに測器は更新されている．地上気象観測装置「JMA-95 型」の前には，塩化リチウム露点計（隔測湿度計と呼ばれる）が使用されてきた．現在の電気式湿度計（静電容量式）は「JMA-95 型」への更新にともない，1996 年 3 月以降更新した官署より順次使用するようになった．電気式湿度計（静電容量式）は高分子膜のセンサに含まれる水分の量（空気中の湿度による）によって誘電率が変わることを利用したものである.

このように観測のセンサが変更されたことと，1 日に何回観測するかの観測回数も変更されてきた．現在は毎正時 24 回の自動観測であるが，昔は 1 日に 3 回，4 回，6 回，8 回，ほかに 1882 年 6 月までは 2 回（地方時の 09 時 30 分，21 時 30 分）もあり，時代と観測所によって違っていた．日平均値や年平均値には 1 日の観測回数の変更による違いも生じる.

非通風式の乾湿計定数は国によっても違うが，日本では，非通風式はアンゴー（Angot）の式が使われ，通風式はスプルング（Sprung）の式が使われていた．全国の気象観測所で非通風式と通風式を用いて同時に湿度を観測したデータから，両方式の観測誤差を調べてみると，湿度の差は気温と湿度に依存することがわかり，熱収支式を用いた理論計算の傾向と一致することを確認した．非通風式と通風式による相対湿度（瞬間値）の差は−6～+4%の範囲に複雑な形で分布する（Kondo, 1967）．

これらのことから判断すれば，年平均湿度の観測誤差は±2%程度とみなされる．その他に，気温観測の誤差と同様に観測露場の環境変化によって生じる誤差もあり，湿度の長期変化を正確に求めることは非常に難しい．

昇温・乾燥化による霧の減少

大都市では都市化昇温と乾燥化により霧の発生することがほとんどなくなった．図3.6は京都，大阪，神戸の3都市の霧日数の経年変化である．年間の霧日数は1930～1940年代には京都と大阪では80～140日あったが，2000年代にはほとんどゼロになった．東京や横浜でも1930年代には30～70日あったが，2000年代にはほぼゼロになった．しかし，都市化昇温量の小さい都市や田舎では霧日数の時代変化は認められない（近藤，2006）．

日だまり効果とは

これまでは，都市における気温や湿度などについて年平均値や季節平均値について説明した．次に1日の日中と夜間の気温が観測地点の広さ（風通し）によって変わる問題を取り上げよう．

晴天の日中は，加熱された地表面から放出される顕熱が風の乱流によって上空へ運ばれる．風速が弱ければ顕熱は地表面から上空へ運ばれにくいため，

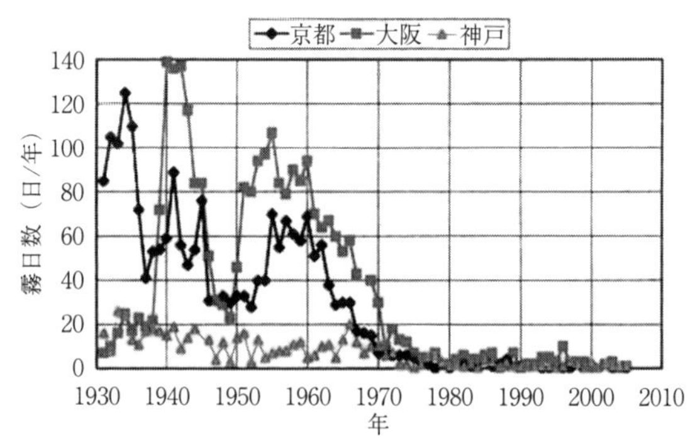

図3.6　京都と大阪と神戸の霧日数の経年変化（近藤，2006，図21.1）．

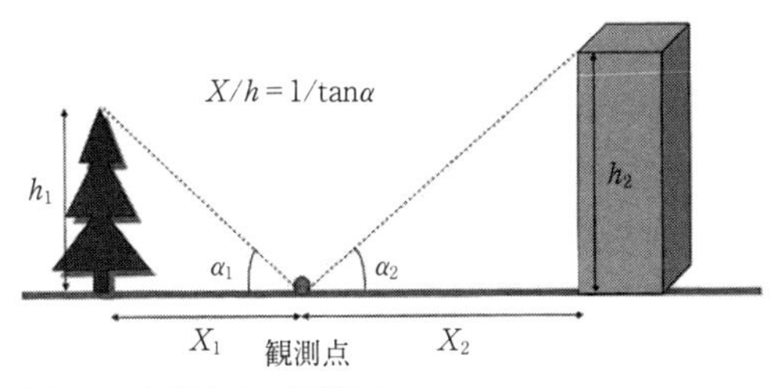

図 3.7　空間広さの説明図.

地上の気温は高くなる．一方，晴天夜間に微風であれば，大気から地表面に入る顕熱はほぼゼロで，地表面温度は放射冷却によって下降する．しかし，風速が強ければ下向きの顕熱が大きく地表面温度の低下は小さくなる．地上気温は地表面温度によって決まるので，気温についても同様である．多くの場合，風速の弱い狭い所では日中の気温上昇量が夜間の下降量よりも大きく，日平均・年平均気温は高めになる．これを「日だまり効果」による平均気温の上昇といい，都市に限らずどこにでも起きる現象である（Sugawara and Kondo, 2019）.

地物（樹木や建物）の風下での風速は地物からの距離 X（風下距離）によって異なる．この関係は「空間広さ」によって表わすことができる．図 3.7 は空間広さを説明したもので，地物の高さを h としたとき，X/h を無次元の「空間広さ」と定義する．現実の風向は一定でなく変動するので，主風向の ±20° の範囲で X/h を平均した空間広さを用いる．$X/h=1/\tan\alpha$ であり，観測点から地物に向かって仰角 α を方位ごとに測量して空間広さを求めることができる.

周辺の樹木など地物に影響されない風上側の風速に対する風速の弱まる割合は $X/h=2\sim30$ の範囲では X/h の対数にほぼ比例して増加し，$X/h>30$ では風速は地物に影響されなくなる（第 5 章の図 5.10）．このことから広い場所の気温を基準とした風下側の気温との差は X/h の対数差にほぼ比例することになる．ここに，空間広さ X/h の対数差とは，たとえば樹高 $h=10$ m の防風林がある場合については次のようになる.

空間広さの対数：

風下 10 m の空間広さ $X/h=1$ ……対数は $\log_{10}X/h=0$

風下 30 m の空間広さ $X/h=3$ ……対数は $\log_{10} X/h=0.477$

風下 100 m の空間広さ $X/h=10$ ……対数は $\log_{10} X/h=1$

相対的に広い空間として，たとえば風下 $X=100$ m を基準としたときの対数差：

風下 10 m 地点の対数差 $=0-1=-1$

風下 30 m 地点の対数差 $=0.477-1=-0.523$

となる．

たとえば樹高 $h=10$ m のとき，広い場所の基準が風下 $X=100$ m ではない場合も，広い場所と狭い場所の空間広さの対数差と日だまり効果による昇温量はほぼ比例することが観測から確かめられている．

図 3.8 は晴天日中の 10 ～ 14 時の時間帯に観測した空間広さと気温差の関係である．縦軸は空間広さの狭い場所の気温と広い場所の気温差である．横軸は狭い場所と広い場所の空間広さの差，ただし対数差である．相対的に狭い場所の気温は広い場所に比べて高温になることを示している．生垣または風上のすぐ近くに樹木のある空間における気温（実線）がそうでない空間の気温（破線）に比べて高温になる理由は，樹木の葉面の熱交換がよく，葉面からの顕熱が大気を加熱する効果によるものである．

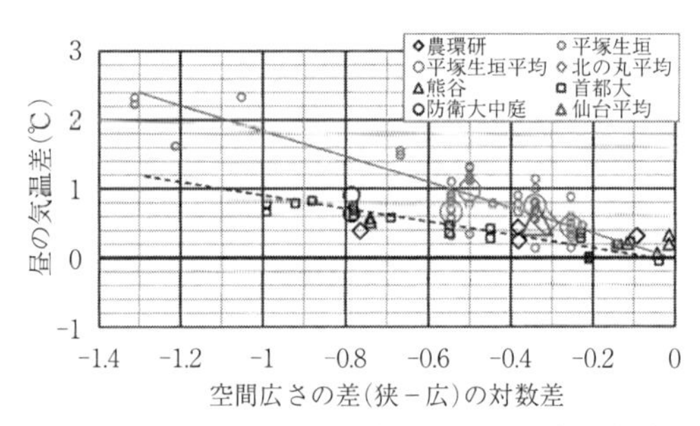

図 3.8　晴天日中における空間広さの差（対数差）と気温差（＝狭い場所の気温－広い場所の気温）の関係（近藤ほか，2017，図 157.1）．

実線：生垣または風上のすぐ近くに樹木のある空間における関係，

破線：連続する芝地・草地内，四方が建物で囲まれた空間における関係，

大印：多数回の平均値

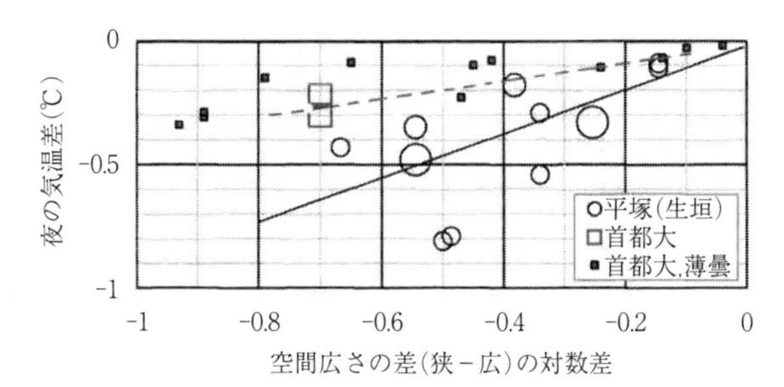

図 3.9 晴天夜間における空間広さの差（対数差）と気温差の関係.
実線：生垣に囲まれた空間（樹木による冷却効果が大）における関係,
破線：連続する広い芝地上の空間（樹木による冷却効果が小）における関係,
中丸印は 3 回観測の平均値，大丸印は 7 回観測の平均値である（近藤ほか，2017，図 157.2）.

図 3.9 は晴天夜間の関係である．日中とは逆に，狭い所ほど気温は低くなる．その理由は，狭い所ほど風が弱く放射冷却が強く働き，より低温になるからである．日中の気温上昇に比べて夜間の気温下降は概略 1/2 である．その理由は，地表面に入る正味の放射量は日中の 500 W/m^2 前後に対し，夜間のそれは－80 W/m^2 前後であるからである．また日中の風速が 2 ～ 5 m/s に対して夜間のそれは 0.5 ～ 2 m/s である．一般に，夜間は風速が弱くなるため，正味放射量の絶対値は日中の 1/6 以下になる割には，気温が近くの地物の影響を受けやすい．

生垣で囲まれ樹木の葉面の影響を受ける空間では（実線），地面からの冷却よりも葉面上での冷却された空気による効果が大きく，気温の低下量が大きくなっている．東京の都心部の気温はビル街の大手町で観測されていたが，2014 年 12 月 2 日以後は北の丸公園の風通しの悪い場所に移転した．その結果，夜間の最低気温はビル街に比べて年平均値で 1.2℃ほど低く観測されるようになった（近藤，2012b）.

日中の図 3.8 は通常の 2 ～ 5 m/s 程度の風速，夜間の図 3.9 は 0.5 ～ 2 m/s 程度の風速のときで，季節は 4 ～ 9 月の関係である．各プロットにバラツキがあるのは風速と季節（日射量）による違いである．「日だまり効果」の風速や季節による違いは近藤（2016b）に説明されている．

アーケード街はなぜ暖かい

気象観測所の観測環境が極端に悪化した状態は，いわゆるアーケード街に相当する．仙台市のクリスロードで昼夜連続の気温観測を行ない，並木道の定禅寺通および気象台の気温と比較した．クリスロードは他のアーケード街と違ってビルとビルの隙間が塞がれており，理想的なアーケード街である．長さ＝340 m（愛宕上杉通から二番町通まで連続する名掛丁アーケードの西半分の 50 m を含む），道路幅＝11 m，天井の高さ＝11 m である．天井は半透明で，太陽南中時ころの日射量の透過率＝ 12％である．4 列並木の定禅寺通は中央に遊歩道があり，その両側は車道である．長さ＝150 m，幅＝46 m，着葉した 5 月下旬以後の太陽南中時の日射透過率＝14％である（東京の明治神宮，北の丸公園，新宿御苑，自然教育園などやや密な森林と同程度である）．気象台の観測露場は比較的広く，観測環境は日本ではよいほうに属している．

図 3.10 は 2017 年 6 ～ 10 月の期間のうち，気象台の日平均気温が 20℃以下となった 8 日間平均の気温の日変化である．この 8 日間の日照時間の平均値は 4.2 時間である．アーケード街では 1 日を通じて，気象台や風通しのよい定禅寺通に比べて高温となり，0 ～ 10 時は 1 ～ 1.5℃，18 時ころは 3℃，

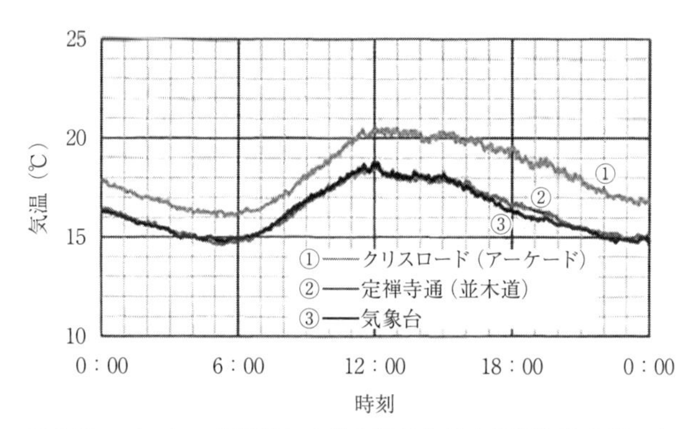

図 3.10　アーケード街①と定禅寺通②と仙台管区気象台③における気温の日変化．気象台の日平均気温＜20℃の 8 日間平均（2017 年 6 月 19 日～ 21 日，8 月 31 日，9 月 28 日，10 月 23 ～ 25 日）（近藤ほか，2017）．

日平均では約2℃高い．なお，日平均気温20℃以上の暑い日は商店街の冷房によって，アーケード街は気象台の気温に比べて1〜3℃ほど低温になるので，ここでは示さない．

夜間について，空間広さの差と気温差の関係を示した図3.9では，生垣に囲まれている狭い所ほど夜間は低温になる．ところが，アーケード街は狭い空間であるのに，広い気象台の芝地よりも高温になっている．なぜだろうか？　夜間に気温が低下するのは放射冷却によるのだが，アーケード街は天井が厚い雲の効果をもち，温室と同じように放射冷却を小さくしているためである．

仙台市の年中行事「仙台七夕」では，大勢の見物人がアーケード街をゆっくりと歩く．「仙台七夕」の通行人（幼児・成人・老人）1人当たりの人体排熱量を100 Wとし，ビルの2階から撮影した歩行者密度（1.1人/m^2）の写真から判定すると，その最大人出のころの人体排熱量は路面上の単位面積当たりの平均として110 W/m^2である．この熱量は通常の人出時（排熱量≒10 W/m^2）の11倍である．そのときの気温は通常の人出時のときに比べて約0.7℃の高温となる．クリスロードの正午ころの日射透過率＝12%であり，仙台の夏期晴天日の正午前後の日射量の12%がこの110 W/m^2にほぼ等しい．

また，晴天日の正午前後の気温は曇・雨日に比べて0.5℃ほど高温である．アーケード街へ入る正午前後の日射量を比較すると，晴天日は曇・雨日より80 W/m^2程度多い．

海岸から遠いほど気温は高くなる

これまでは，都市化による昇温と日だまり効果について学んだ．現実には両効果が重なった気温が観測される．その具体的な例として，最初に，夏の晴天日の海風が吹くとき都市化昇温のない場合を見てみよう．図3.11は四国南西部の四万十川流域で観測された晴天日中の気温と海岸（渚）から上流に向かって測った距離との関係である．四万十川は複雑に蛇行するので，河床の上空約100 mの地形に沿って測った海岸からの距離を横軸に選んである．この観測は日当たりと風通しのよい河川堤防やその近くで行なった．気温は海岸からの距離とともに単調に上昇している．渚での気温を規準とすれば，距離2 kmで約2℃，距離10 kmで約3.5℃，距離30 kmで約5℃の昇温とな

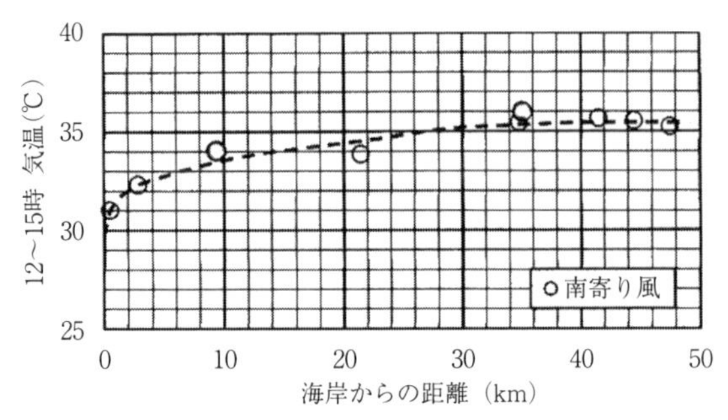

図 3.11　7月の晴天日中の平均気温（12〜15時）と海岸からの距離の関係．南寄りの風で，川に沿う海風のときの四万十川流域における観測（近藤，2014）．

る．この昇温の関係は，関東平野の全域を対象とする場合には，ビル街・住宅地・畑地などが混在し気温は距離とともに単調な上昇ではなく，同じ距離でも±1℃の温度幅をもって距離とともに上昇する．つまり，全体の昇温量と距離との関係はおおよそ図3.11に示した傾向と同じである（近藤，2013）．

都市部では，植生地が少なく地表面から大気への顕熱輸送量は大きいが，乱流も激しく混合される大気層「混合層」が高くまで発達する．しかし，太平洋高気圧で覆われ広範囲で強い沈降流が生じるような条件では，混合層の発達は抑制される．これら諸条件の兼ね合いによって，地上気温の上昇量は違ってくる．

例として，晴天猛暑が続いた2022年の6月25日〜7月1日（7日間）の期間，東京都内の毎日の最高気温の平均値は次の通りであった（括弧内は海岸の江戸臨海アメダスを規準にした最高気温の上昇量）．

31.50±1.59℃（0.0℃）　……江戸臨海（海岸）
35.89±0.67℃（＋4.39℃）……東京（北の丸公園）
36.74±0.77℃（＋5.24℃）……練馬
35.86±0.89℃（＋4.36℃）……府中
36.86±1.00℃（＋5.36℃）……八王子
37.11±1.03℃（＋5.61℃）……青梅

最高気温は東京湾の海岸から遠いほど高くなっているが，例外として府中アメダスは上昇量が他に比べて1℃ほど小さい．その理由は，府中アメダスは日中の風上側（東南東〜南南西の 200 〜 300 m）が畑地であり，広い場所に設置されていて「空間広さ」が広く，局所的な「日だまり効果」による誤差（広域を代表する気温観測の誤差）が無視できる．

一方，北の丸公園内に設置されている東京都心部の観測所は東京湾の海岸からの距離は概略 10 km で短いが，森林内の樹木のない空間にあるため「空間広さ」が狭く，冬期を除けば，晴天日の最高気温はビル街に比べて 0.5 〜 1℃ほど高温になる（第 9 章の図 9.10；近藤，2015）．

むすび

全国の都市化昇温量（図 3.2）は気象庁の気象観測所で観測された気温についての昇温量である．同じ都市内でも，空間広さの違いによって平均気温は気象台の気温と異なる．極端な例を知るためにアーケード街で観測した結果，商店などの冷房効果がないときの平均気温は気象台に比べて 2℃ほど高くなることが確認できた．大都市では地球温暖化量よりも大きい都市化昇温があり，特に，夜間の最低気温が下がりにくくなったことが大きな特徴である．そのため，熱中症の増加とともに，冬に死滅していた害虫が生存できるようになった．時代とともに，気象・気候が社会に及ぼす影響が大きくなっていく．

気象庁の観測所では地域を代表する気象を知るための観測であり，観測露場は日当たりがよく風通しのよい場所に設置される．しかし現実には，たとえば観測露場の数m四方に生垣が植えられた観測所もある．このような観測環境の悪い観測所も少なからず存在するので，観測データの利用に際しては注意しよう．

気象庁など国の機関や大学などで行なわれている気温観測には，放射影響の誤差が含まれている．特に日中の弱風時の気温観測誤差は 0.3 〜 1℃程度，非通風式（自然通風式）シェルターを用いた観測では最大 5℃ほどである．このことから筆者は放射影響の誤差が無視できる高精度の通風筒（通風式の放射除け）を開発したので，利用してほしい（近藤，2016a；近藤，2020a）．

参考文献

桑形恒男・石郷岡康史・西森基樹・村上雅則，2012：気温上昇トレンドに対する都市化の寄与について（未発表資料）.

近藤純正，1987：身近な気象の科学——熱エネルギーの流れ．東京大学出版会，pp. 208.

近藤純正，2004：8．都市化と放射冷却.
http://www.asahi-net.or.jp/~rk7j-kndu/kisho/kisho08.html

近藤純正，2006：K21．都市と田舎の霧日数長期変化.
http://www.asahi-net.or.jp/~rk7j-kndu/kenkyu/ke21.html

近藤純正，2011：M59．都市気候.
http://www.asahi-net.or.jp/~rk7j-kndu/kisho/kisho59.html

近藤純正，2012a：日本の都市における熱汚染量の経年変化．気象研究ノート，224号，25-56.

近藤純正，2012b：K54．日だまり効果と気温：東京新霧場.
http://www.asahi-net.or.jp/~rk7j-kndu/kenkyu/ke54.html

近藤純正，2013：K80．地域を代表する気温の分布.
http://www.asahi-net.or.jp/~rk7j-kndu/kenkyu/ke80.html

近藤純正，2014：K95．江川崎周辺の気温観測 2014 年のまとめ.
http://www.asahi-net.or.jp/~rk7j-kndu/kenkyu/ke95.html

近藤純正，2015：K101．森林公園内の気温——北の丸公園と自然教育園.
http://www.asahi-net.or.jp/~rk7j-kndu/kenkyu/ke101.html

近藤純正，2016a：K126．高精度通風式気温計の市販化.
http://www.asahi-net.or.jp/~rk7j-kndu/kenkyu/ke126.html

近藤純正，2016b：K127．気温と周辺環境—観測所の環境管理と高精度気温計.
http://www.asahi-net.or.jp/~rk7j-kndu/kenkyu/ke127.html

近藤純正，2016c：K134．気候・環境変化と森林蒸発散・湧水温度（講演）.
http://www.asahi-net.or.jp/~rk7j-kndu/kenkyu/ke134.html

近藤純正，2018：K174．都市化による都市の昇温量，再評価 2018.
http://www.asahi-net.or.jp/~rk7j-kndu/kenkyu/ke174.html

近藤純正，2020a：K207．長期観測用の高精度傾斜形通風筒.
http://www.asahi-net.or.jp/~rk7j-kndu/kenkyu/ke207.html

近藤純正，2020b：K209．猛暑日・熱帯夜と都市化・地球温暖化との関係.
http://www.asahi-net.or.jp/~rk7j-kndu/kenkyu/ke209.html

近藤純正・角谷清隆・近藤昌子，2017：K157．日だまり効果，アーケード街と並木道の気温（まとめ）.
http://www.asahi-net.or.jp/~rk7j-kndu/kenkyu/ke157.html

Kondo, J., 1967: Psychrometric constant for different sizes of the wet-thermometer. Sci. Rep. Tohoku Univ., Ser. 5, *Geophys.*, **18**, 125-138.

Sugawara, H. and J. Kondo, 2019: Microscale warming due to poor ventilation at surface observation stations. *J. Atmos. Ocean. Tech.*, **36**, 1237-1254. DOI: 10.1175/JTECH-D-18-0176.1

4　晴天日の夜が寒くなる理由

作物の凍霜害などと関わる夜間の放射冷却が大きくなるのは次の条件のときである．

(1) 風が弱いとき
(2) 雲の少ない晴天夜（月があれば，月の見える夜）
(3) 大気全層が低温のとき（「上空に寒気」と報道されるとき）
(4) 空気が乾燥しているとき（大気中の水蒸気量が少ないとき）
(5) 新雪が積もったとき（積雪内に空気が多く含まれるとき）
(6) 地表面が乾燥しているとき（土壌表層内に空気が多く含まれるとき）
(7) 斜面よりは平地，平地よりは盆地（冷気が溜まりやすい地形）
(8) 大きい湖や海から離れているところ（湖陸風や海陸風の及ばないところ）

これらは農家の人たちが知っている経験則などのまとめであり，以下に示す放射冷却の原理からも言えることである．

晴天日の夜は寒くなる

放射冷却が大きいときの地表面付近の気温低下が何によって起きているかについて調べてみよう．図 4.1 は晴天夜間の気温変化率と熱輸送量の鉛直分布である．この観測は仙台から約 35 km の北方にある大崎平野の広大な水田地帯の稲刈り後に，高さ 22 m の観測塔で行なったものである．図 4.1 は 90 分間の平均値であり，高度 10 m と 0.3 m の風速はそれぞれ 2.05 m/s と 0.45 m/s，同じく気温は 8.7℃ と 5.2℃ である．大気安定度を示す高度 10 m におけるリチャードソン数（p. 56 参照）は $Ri=0.5$ で，非常に安定なときである．なお，$Ri>1$ では，顕熱輸送量はほぼゼロになる条件である（第 5 章の大気安定度を参照）．

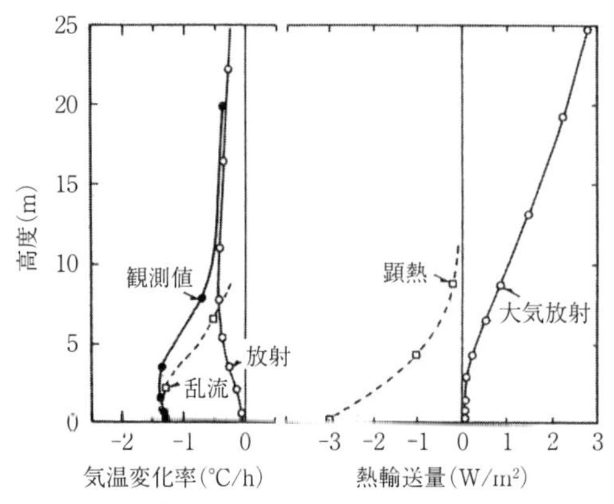

図 4.1　晴天夜間における気温冷却の観測値，放射冷却，乱流冷却の鉛直分布（左），および顕熱輸送量と正味放射量の鉛直分布（右）（Kondo *et al*., 1978；近藤，2000，図 4.18）．ただし，大気放射の正味放射量は地表面での値（R_n=55 W/m^2）との差で示す．

時間当たりの気温変化率の観測値は全層でマイナス（冷却）となっており，観測値に対して乱流（顕熱輸送）と放射（大気放射，長波放射）の作用の両方がほぼ半々の役割を受け持っている．詳しくみると，下層では乱流の作用が大きいが，高度 10 m 以上での冷却は主に放射によるものとなっている．これは風が弱い夜間に得た結果であり，乱流による顕熱輸送量は高度 10 m 以下に限られており，その上層では乱流変動がほとんどない「間欠乱流」で，乱流変動のない長い時間帯を「静流」の状態という．この状態は，広い平地で風の弱い晴天夜によく観測される．なお，正味放射量の高さによる違い 1 ～ 3 W/m^2 は観測からは検出できない大きさであるため，右図の大気放射の鉛直分布は計算によるものである．

図 4.1 で注目すべきは，正味放射量（ここでは，上向き放射量－下向き放射量）は地表面で R_n=55 W/m^2，高度 25 m で R_n=58 W/m^2（=55+3）であるのに対し，顕熱輸送量（ここでは，上向きをプラス）の絶対値は 3 W/m^2 以下であり，正味放射量に比べて絶対値のオーダーが小さい．一般に，晴天夜間の正味放射量は 50 ～ 150 W/m^2 であり，曇天日に比べて大きい．風の弱い夜間は顕熱輸送量と潜熱輸送量は無視してよい場合が多い．

注意：間欠乱流のときの顕熱輸送や放射伝達を正しく用いていない数値シミュレーションでは，風の弱い晴天夜の地面温度・地上気温の予測は難しい．

放射冷却とは

上述の通り，風の弱い晴天夜間の顕熱輸送量は長波放射量に比べて小さい．地表面温度を T_s（K）とすれば地表面の放つ長波放射量は σT_s^4 である．ここに，$\sigma(=5.67\times10^{-8}\mathrm{W/m^2K^2})$ はステファン・ボルツマン定数である．大気から地表面に入る長波放射量（大気放射量）を $L^{\downarrow}$ とすれば，地表面が失う正味放射量は $R_n=(\sigma T_s^4-L^{\downarrow})$ となる．R_n の 100 W/m^2 前後の大きさに比べて顕熱輸送量 H は -2 W/m^2 前後である（この章では上向きをプラス，下向きをマイナスで表わす）．H が無視できるとき，地表面温度は放射冷却によって下降する．エネルギー保存則により，地表面が失う正味放射量（$\sigma T_s^4-L^{\downarrow}$）と地中内部からの上向きの伝導熱 G が等しくなる熱収支式（$\sigma T_s^4-L^{\downarrow}=G$）はいつでも成立している．

地表面の冷却の速さは夕方から 2 ～ 3 時間までは夕方の正味放射量に比例し，熱慣性（「土壌の比熱×密度×熱伝導度」の平方根）に逆比例し，夕方からの時間の平方根にほぼ比例する．しかし，夕方から 2 ～ 3 時間以後になると，温度下降の速さはこれよりもにぶってくる．

図 4.2 は快晴日の地表面の冷却量と夕方からの時間との関係を示し，平地（破線）と斜面（実線）の比較である．平地と斜面について熱的パラメータ $C_G\rho_G\lambda_G$（比熱×密度×熱伝導度）が大・中・小（湿潤地・乾燥地・新雪）の 3 種類の場合を示してある．

斜面（実線）の冷却が平地（破線）に比べて小さいのは，地表面の冷却が始まると斜面上では冷気流が発生し，その冷気塊から斜面へ顕熱が運ばれることで冷気塊の温度は低下するが，斜面の冷却は抑制されるからである．時間の基準を表わす夕方とは，短波放射量（日射量）が長波放射量（大気放射量）$L^{\downarrow}$ に比べて無視できるほど小さくなったころ，すなわち日没 30 分前としてよい．

放射冷却の理論式などの詳細は近藤（1994，2010）に説明されている．なお，本章ではおもに夜間を対象とするので，日没前と日の出後の日射量は $L^{\downarrow}$ に含めて考察する．

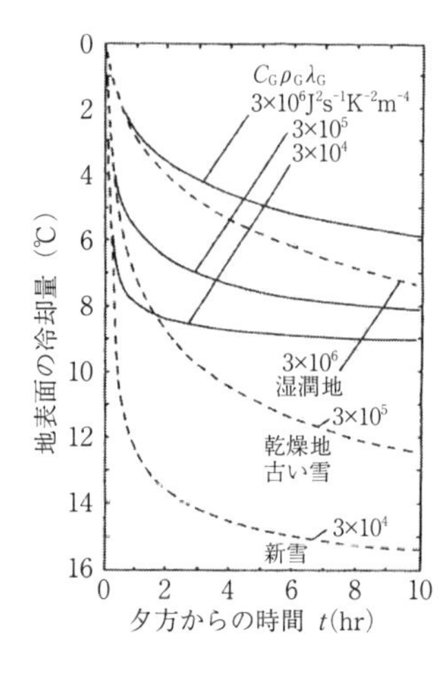

図 4.2　快晴夜における地表面の冷却量の時間変化，斜面（実線）と平地（破線）の比較．ただし放射最大冷却量が 17℃のとき，すなわち夕方（$t=0$）の地表面温度が 20℃のときは（$\sigma T_s^4 - L^{\downarrow}$）= 89 W/m^2，または 10℃のときは（$\sigma T_s^4 - L^{\downarrow}$）= 80 W/m^2，あるいは 0℃のときは（$\sigma T_s^4 - L^{\downarrow}$）= 72 W/m^2 の場合．パラメータは地表層の比熱と密度と熱伝導度の積（$C_G\rho_G\lambda_G$）（近藤，2000，図 6.12）．

以下では，作物の葉面温度と，土壌表面の温度を対象とし，土壌表面の温度を「地面温度」と呼ぶことにする．

葉面の温度と風速・雲量

作物の葉面など地面から少し離れた高さにある物体は，地中からの伝導熱がほぼゼロであるため，地面温度よりも低温になる．また，風の吹く夜は顕熱・潜熱の交換量が増えるので，微風夜と違って冷却は小さい．以下では夜間の葉面温度と地面温度の違いを具体的に調べてみよう．

観測は 2019 年 1 ～ 2 月の 40 日間にわたり神奈川県秦野市千村の小松菜の畑で行なった．図 4.3 に示す葉面温度（葉温）は小松菜群落の最上端より数 cm 下の高度に設置した直径 60 mm の黒色円板の「葉面温度計」の温度である．地面温度は小松菜の畑から 5 m ほど離れた裸地面で，風向・風速は超音波風速計を高さ 2.5 m に設置し，気温は高精度通風式気温計を高さ 1.5 m に設置して観測した（近藤，2019b）．機器などの詳細は近藤（2018，2019a）を参照のこと．

図 4.3 は快晴日の 15 時から翌朝 9 時までの記録である．上 1 段目は有効入力放射量（$L^{\downarrow} - \sigma T^4$）を放射計の出力単位の℃で示してある（－1℃は有効入力放射量＝－70 W/m^2 に相当）．18 時～翌朝 7 時までの時間帯では出力は－1.5℃であるので，有効入力放射量＝－105 W/m^2 である．

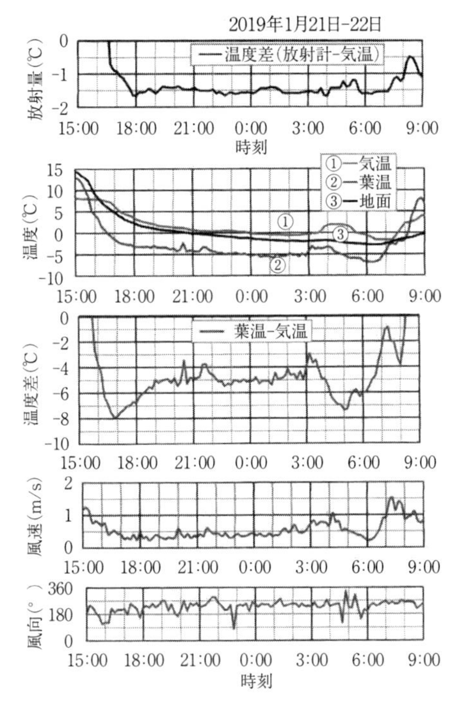

図 4.3　快晴夜における諸要素の時間変化（近藤，2019b，図 182.1）．
上 1 段目：有効入力放射量（$L^{\downarrow} - \sigma T^4$）（単位は放射計の出力単位：℃），
2 段目：気温①（高度 1.5 m），葉面温度②，地面温度③（裸地面下 0.02 m），
3 段目：葉温と気温の差，4 段目：風速（高度 2.5 m），5 段目：風向（0° は北風，90° は東風，180° は南風，270° は西風）

図 4.3 の 2 段目に示す葉面温度②は，放射量や風速の時間変動に敏感に反応している．ひと晩を通じて葉面温度がもっとも低温であり，朝方の 3 〜 4 時に 2℃ほど上昇したが，6 時前後の風速の弱まりにともない下降し，6 時過ぎに最低値（−6.9℃）を示した．①で示す気温はそれよりも遅れて変化している．

図 4.4 は風のある曇天夜の例である．風速は夕方の 3 〜 4 m/s からしだいに弱くなり 0 時には 1 m/s となった．夜半までは風による空気の混合が盛んで，温度は地面温度③，葉面温度②，気温①の順に高度とともに高くなっているが，0 時を過ぎ微風の快晴となると葉面温度②は地面温度③よりも低

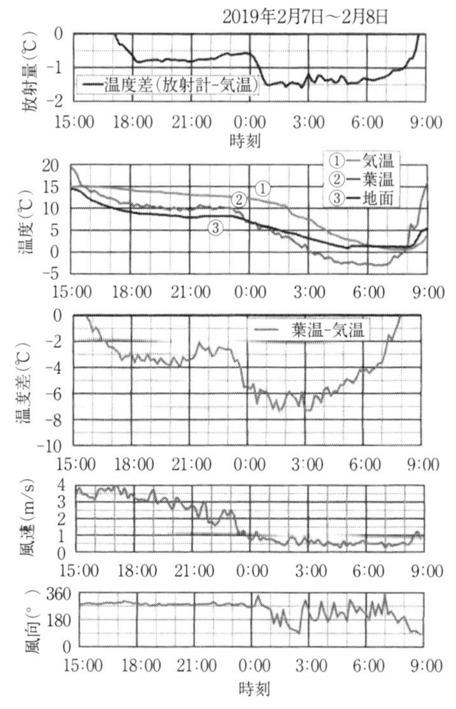

図 4.4　前図に同じ，ただし風と雲のある夜間（近藤，2019b，図 182.4）．

温となった．

図 4.3 と図 4.4 は，葉面温度計を地表面近くの小松菜群落最上端の高度 0.3 m の数 cm 下に設置したときの観測であるため，高度 1.5 m の気温と葉面温度の差が大きくなっている．そこで，葉面温度 T_1 と気温 T の差（$T_1 - T$）を理論的に調べるために，葉面温度計を気温計の高度（1.5 m）に近い高度（1.4 m）に設置して観測した．

図 4.5 はその観測結果である．一般に，物体温度と気温の差は物体表面における有効入力放射量（$L^{\downarrow} - \sigma T^4$）に比例するので，縦軸は（$T_1 - T$）を有効入力放射量の出力単位（℃）で割り算してある（分母・分子ともにマイナス値）．出力の −1℃は有効入力放射量 = −70 W/m^2 に相当する．−70 W/m^2 は年間の晴天夜の平均的な値であり，縦軸はそのときの葉面温度と気温の差

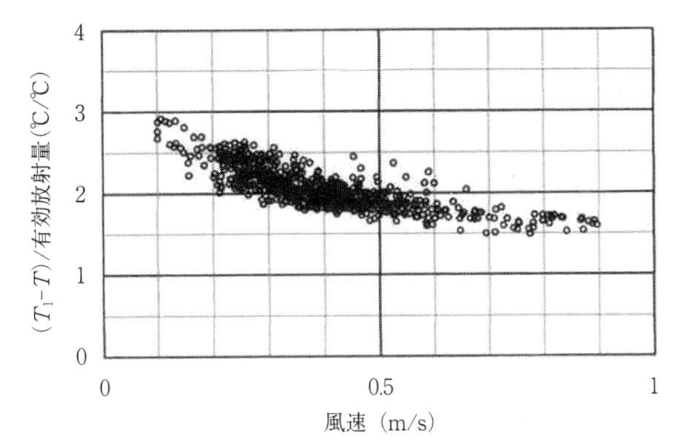

図 4.5　葉面温度計を風速計に近い高度 1.4 m に設置したときの葉面温度の低下（縦軸）と風速（横軸）との関係．縦軸は葉面温度 T_1 と気温 T の差を有効入力放射量（$L^{\downarrow}-\sigma T^4$）の出力単位（℃）で割り算した値である．この実験では，出力の −1℃は −70 W/m² に相当する．したがって，縦軸は晴天夜の平均的な有効入力放射量 = −70 W/m² のとき葉面温度が気温に比べていくら低くなるかの低下量（℃）である（近藤，2019a，図 178.5）．

(T_1-T) である．(T_1-T) の絶対値は風速の増加にともなって小さくなる．図の範囲外であるが，風速が 5 m/s のときの $T_1-T \fallingdotseq -0.7$℃になる．この関係は，エネルギー保存則を表わす熱収支式を解いた結果と一致する（近藤，2019a）．

覆いで葉面の凍霜害を防ぐ

作物の葉面温度が低下したときの凍霜害を防ぐために，ビニールハウスや簡単なトンネル栽培が行なわれている．そのほか昔から簡単な方法として，晴天微風の夕方，作物の上に覆いをする方法がある．

図 4.6 はその模式図である．一番右の作物は，厚くて熱伝導の悪い素材を作物の上に被せた場合であり，熱伝導が悪いため覆いの上面はよく冷えるかわりに，その底面は冷えない．その理由は，覆いの底面と下の植物と地面の間で長波放射が交換され，互いに温度の低下を小さくしているからである．

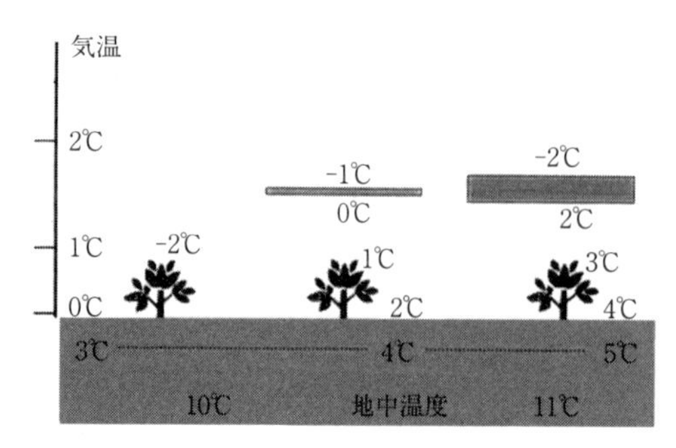

図 4.6　作物の放射冷却防止用の覆いによる作物の葉面温度の違い．一番左の作物は覆いがないので葉面温度は－2℃に，真ん中は覆いが薄くその覆いの内部で熱伝導があるため冷却防止の効果は少ない．一番右は覆いの上側表面のみ冷えるが覆いが熱伝導の小さい材質ゆえ，冷却防止の効果がもっとも大きい．

むすび

一般に行なわれている，朝の最低気温の予報は高度 1.5 m の気温である．微風の晴天夜について，地表面温度は高度 1.5 の気温よりも 2℃程度低く，作物の葉面はさらに 2 ～ 3℃低くなる．ただし葉面のうち，下方の葉面の温度は上方の葉面が覆いの役目をするため，比較的に高温に保たれ凍霜害を受けにくい．

なお，本章で用いた葉面温度計は直径 60 mm の黒色円板を水平に設置したものである．諸物体は大きくなるほど熱交換が悪くなる（第 8 章のバルク係数 C_H が小さい）ため，たとえば直径 60 mm よりも大きい水平な葉面は葉面温度計よりも低温になる．また，水平でなく傾斜した葉面では放射量も風の当たり方が違うので，冷却は小さくなる．

本章で学んだことを今後の研究に役立てる場合，詳細は近藤（2018）の付録 3 の図 176.13 と図 176.14 が参考になる．すなわち，葉面の直径が 60 mm でなく大きい場合や小さい場合，湿度や風速が大きく変化し，霜が降りた後に昇華して霜が消えるときなどの葉面温度の変化が示されている．

参考文献

近藤純正（編著），1994：水環境の気象学——地表面の水収支・熱収支．朝倉書店，pp. 350.

近藤純正，2000：地表面に近い大気の科学——理解と応用．東京大学出版会，pp. 324.

近藤純正，2010：M50．放射冷却の演習問題．
http://www.asahi-net.or.jp/~rk7j-kndu/kisho/kisho50.html

近藤純正，2018：K176．凍霜害予測の実用化（4）狭山—準備研究．
http://www.asahi-net.or.jp/~rk7j-kndu/kenkyu/ke176.html

近藤純正，2019a：K178．夜間用の放射計と葉面温度計，市販化．
http://www.asahi-net.or.jp/~rk7j-kndu/kenkyu/ke178.html

近藤純正，2019b：K182．凍霜害予測の実用化（8）—秦野市千村．
http://www.asahi-net.or.jp/~rk7j-kndu/kenkyu/ke182.html

Kondo, J., O. Kanechika, and N. Yasuda, 1978: Heat and momentum transfers under strong stability in the atmospheric surface layer. *J. Atmos. Sci.*, **35**, 1012-1021.

5　昼夜と場所によって変わる風速と突風率

1983年4月27日の正午ころ，東北地方の約30か所で林野火災がほぼ一斉に発生した．その前日の太平洋沿岸では東方洋上の移動性高気圧から吹く東寄りの冷気「やませ」で，かなりの低温となり，午前中の高度500 m付近に気温差5℃の逆転層（その下側の気温は上側に比べて低温）ができていた．つまり，高度500 m以下の大気は全体として5℃低い安定層となっていた．上空では前日の夕方から強風になっていたが，この安定層が上空の強風を阻み，地上は微風であった．夜が明けて，太陽熱で地面が熱せられ，低温の安定層が消えるまでに時間がかかった．正午ころ安定層が消え大気は不安定になり鉛直方向に混合されて地上は強風となり，各地の焚き火は飛び火して山火事となり広がった．この大規模林野火災は，普段と異なる正午ころに，大気の状態（安定度）が急変したことによって起きたものである（近藤，1987，第6章）．

地表付近の風は地表面による摩擦力（抵抗力）を受ける．この摩擦力が働く大気層を大気境界層という．本章では，大気境界層内における平均風速や風速の時間変動の大きさが高度のほか大気安定度や地表面の粗度によって変わることを学ぶ．

大気安定度とは

周囲と熱の交換がないような（断熱的）状態で空気塊を持ち上げると，気圧が減少して気温は低下する．空気が乾燥していれば，高さ100 mごとに気温は約1℃の割合で低下する．この変化を断熱変化，気温の高度に対する減少の割合を乾燥断熱減率（$\Gamma_d = 0.00976$℃/m）という．図5.1（左）の場合，持ち上げられた空気塊の温度は周囲の温度9℃に比べて高く（密度が低く），浮力が作用し，ますます上昇しようとするので，不安定である．逆に空気塊

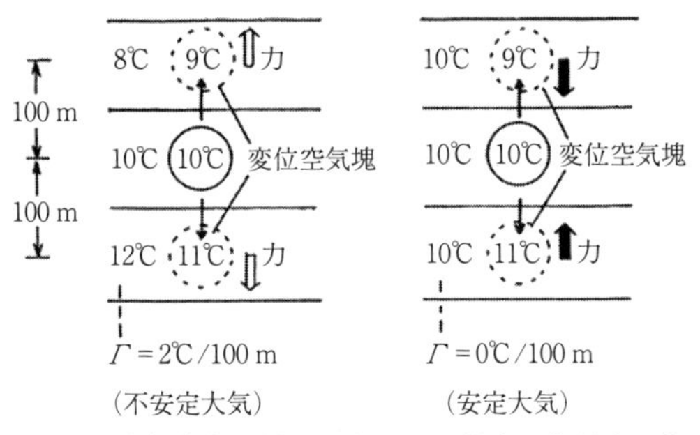

図 5.1 空気塊を上昇・下降させた場合に作用する力.
(左) 不安定の例, (右) 安定の例である.

を下降させた場合も同じ割合で気温は上がり，下向きの力が作用して不安定である．しかし，図 5.1 (右) の場合は，空気塊が上に持ち上げられても，下に下げられても，元の位置に戻そうとする力が作用するため安定である．

実際の気温の高度減率 Γ は Γ_{d} に等しいわけではない．大気の状態は Γ と Γ_{d} の関係によって大きく変わり，

$\Gamma > \Gamma_{\mathrm{d}}$ のとき　不安定

$\Gamma = \Gamma_{\mathrm{d}}$ のとき　中立

$\Gamma < \Gamma_{\mathrm{d}}$ のとき　安定

となる．気温 T の代わりに温位 θ を使うことがある．温位の定義は次の通りである．

$$\theta = T + \Gamma_{\mathrm{d}} z^* \tag{5.1}$$

ここに，z^* は気圧が 1000 hPa の高度を規準のゼロとした高度である．図 5.2

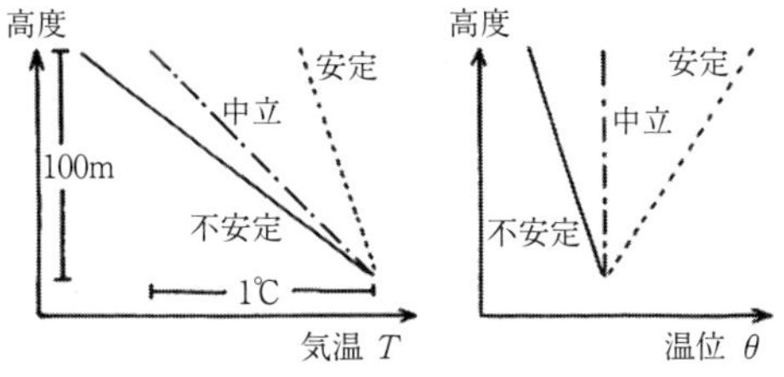

図 5.2 気温と温位の比較.（左）気温分布の例,
（右）温位分布の例.

は気温（左）と温位（右）の高度分布のおのおの3例である．

参考：大気安定度を表わすリチャードソン数

大気安定度の度合いを表わすとき，次式で表わされるリチャードソン数 Ri（Richardson no.）が使われる．

$$Ri=\frac{\dfrac{g}{T}\cdot\dfrac{\mathrm{d}\theta}{\mathrm{d}z}}{\left(\dfrac{\mathrm{d}U}{\mathrm{d}z}\right)^2} \tag{5.2}$$

ここに，$g(=9.8\,\mathrm{m/s^2})$ は重力の加速度，z は高さ，T は絶対温度，U は風速である．$Ri>0$ は安定，$Ri=0$ は中立，$Ri<0$ は不安定である．一般に，地表面に近い最下層（概略 $z<1\,\mathrm{m}$）では Ri はゼロに近いが，高度が増すと Ri の絶対値は近似的に z に比例する（概略 $z<5\,\mathrm{m}$ の範囲）．顕熱輸送の拡散係数を K_H，運動量輸送の拡散係数（摩擦力の渦粘性係数）を K_M としたとき，大気安定度が中立に近い $Ri\fallingdotseq 0$ のときは $K_H/K_M\fallingdotseq 1$ であるが，$Ri>0.05$ で $K_H/K_M<1$ になりはじめ，$Ri=1$ では $K_H/K_M\fallingdotseq 0.1$，$Ri=10$ では $K_H/K_M\fallingdotseq 0$ となる（Kondo *et al.*, 1978）．つまり非常に安定なとき，運動量輸送があっても顕熱輸送はほぼゼロになる（第4章，図4.1）．

そのほか，安定度として，オブコフの安定度スケール L，その他がある（近藤，1994，第5章）．

コリオリの力と地衡風

自転する地球上で運動する物体にはコリオリの力が働くことは，少なくとも18世紀前半には知られていた．しかし，実際に北極海に浮かぶ氷が風の向きから右へ20°～40°もずれて流されるという観測事実に対し，コリオリの力（転向力）によるものだと説明したのはナンセン（Nansen, 1902）である．ナンセンは氷の下の流れはコリオリの力によってもっと大きな角度をとり，さらに深い層では風と逆向きの流れも存在するはずだと結論を出した（近藤，1987，第4章）．

海洋表層の流れについて，詳細な計算モデルをつくった（Kondo *et al.*, 1979）．そのモデルでは，海面から水中へ入る太陽エネルギーを考慮し，乱流による熱（顕熱）などの拡散係数（温度拡散係数 K_H，渦粘性係数 K_M）は水中の安定度の関数とする．このモデルによって，風が吹き始めてから水温や流速が時間的にどのように変化するのかを計算してみると，ほぼ6時間以上経過するとナンセンが予想した海洋表層内の水流の鉛直分布が得られる．この流速ベクトルの先端をつなぐと螺旋状になる．螺旋分布では，流速は海面で最大，水深とともに弱くなる．35° N の春秋分の晴天日を想定したとき，流速の螺旋分布では，海面での表面流は風向より右へ 10° ～ 23° ずれた範囲で日変化し，水深 8 m での流れは 50° ～ 100° ずれた範囲で日変化する．水深 16 ～ 24 m での流れは時間によっては風向と逆向きになる．

地球上で大規模な運動をしている風に対しても，コリオリの力が作用し，風の高度分布は海水中の螺旋分布に似た分布となる．まず，北半球の風について摩擦がないときを考える．気圧が突然，北で低く南で高くなれば，北に向かう風（南風）が吹きはじめる．地球の自転によるコリオリの力によって風向はしだいに南南西，南西，西南西となり，最終的には西風となり，等圧線に平行となる．この風を地衡風という．地衡風は摩擦がなく，空気が直線運動をしているときの風である．水平面上の気圧差（気圧傾度力）が 100 km につき 1 hPa のとき，地衡風速は緯度 90° で 6.0 m/s，緯度 60° で 6.9 m/s，緯度 40° で 9.3 m/s，緯度 30° で 11.9 m/s，緯度 20° で 17.4 m/s となる（近藤，1987，表 4.1）．

地表面からほぼ 1 km 以上の上空での風速は近似的に地衡風速である．しかし，ほぼ 1 km 以下の大気境界層内では，地上風は低気圧を左（南半球では右）に見て等圧線を斜めに横切るように吹く．

備考：ズレの角度 45° のエクマン螺旋

海洋表層の乱流層内または大気境界層内の拡散係数（渦粘性係数 K_M）が一定と仮定した場合を説明する．これは，今から 100 年以上前に考えられて，1960 年代まで利用されてきた理論である．海上で風が長時間にわたり吹くとき，北（南）半球で，風に引きずられて吹く海面流（吹送流）は風向に対して 45° 右（左）にずれ，深さとともに大きさを減じながら，さらに右へ右へ（左へ左へ）とずれていく．その流速ベクトルの先端をつなぐと，螺旋状になる．これをエクマン螺旋という．大気中でも同様に，地上風は低気圧を左

（南半球では右）に見ながら等圧線を横切る角度は45°で，高さとともに風速は増しながらその角度は小さくなり，風速ベクトルの先端をつなぐとエクマン螺旋になる．

参考：等圧線を斜めに横切る風の角度（風向）

実際の大気境界層内では，拡散係数（渦粘性係数）は高さに対して一定ではない．等圧線を斜めに横切って低気圧側に吹く地上の風向αは，地表面の摩擦の影響が大きいほど大きくなる（近藤，1994，5.6節）．陸面上に比べて，海面上では摩擦の影響が小さく風向αは10°前後のことが多い．しかし現実には，たとえば日本付近で冬の季節風が吹くとき等圧線の向きは海面上では南北であるが，気温は南で高く北で低いために，上空では等圧線の向きは東西方向となり風速は高度とともに強くなる．このように気温の水平傾度があるために地衡風が高度とともに変化していることを温度風の関係という．冬の日本近海における海面上の大気境界層は不安定で鉛直混合が盛んなことによって，海面上の風向は$\alpha \fallingdotseq 40°$になることがある．また，気温の水平分布がこの例と逆の場合は$\alpha < 0$になる場合もある（近藤，1982，p. 108-119）．

温度分布による風速の変化

中緯度では高緯度側が低温，低緯度側が高温で南北の温度差が大きい．このような温度分布は気圧分布にも影響を及ぼすので，風速がどのようになるかを簡単な例で調べてみよう．

図5.3に示すように，北側のA地点と南側のB地点を考え，地上気圧は同じで$p_0 = 1013.2$ hPaとする．Aの上空がBの上空よりも低温で，等温線は東西に延びているとする．簡単化のために，気温は高さ方向に一定とすれば，上空zのレベルの気圧は，Aの上空で低く，Bの上空で高くなり，上空ほど南北の気圧差が大きくなり，上空へいくほど西風成分が加算されて偏西風が強くなることがわかる．一般に，水平方向の気温差で高さ方向に風速が変化することを温度風の関係という．冬の中緯度では，南北方向の温度差が大きいので偏西風は高さとともに強くなり，ジェット・ストリームという強風帯が現れる．この強風帯の幅は500 km程度，厚さは2～3 kmの帯のように地球をとり巻いて流れ，その風速は高度10 km付近で100 m/s以上になる．

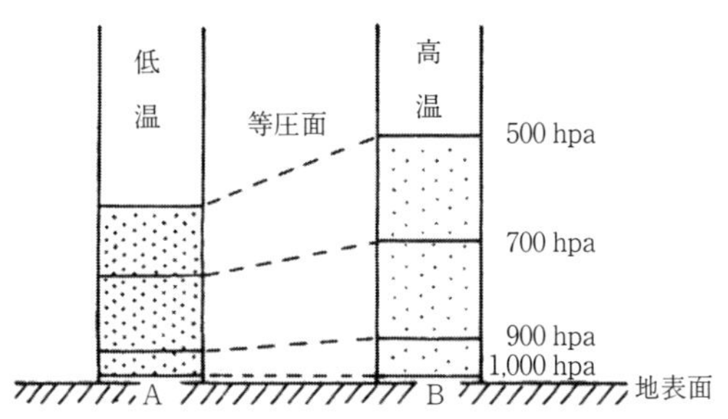

図 5.3　温度風の説明図（近藤，1987，図 4.5 より転載）．A と B の上空には同じ量の空気があったとしても（A と B の地上気圧は同じとしても），気温が違えば上空の等圧面は傾斜し，同一レベルの気圧は低温側が低くなる．

航空機がこれを利用すれば，「東行き」が「西行き」に比べて速くなる．

大気安定度と風速の鉛直分布

図 5.4 は風速の鉛直分布の模式図である．多くの場合，地上から高度数百 m ～ 1 km までの下層大気の状態が安定から不安定へ，または不安定から安定な状態まで変化するには数時間かかる．晴天日には，安定時の鉛直風速分布は夜半から日の出のころまで，不安定時の鉛直分布は正午前から日没の 3 時間前のころまでの時間帯に観測される．

また，注意していると，晴天日に天空が 1 ～ 2 時間ほど雲に覆われ地表面

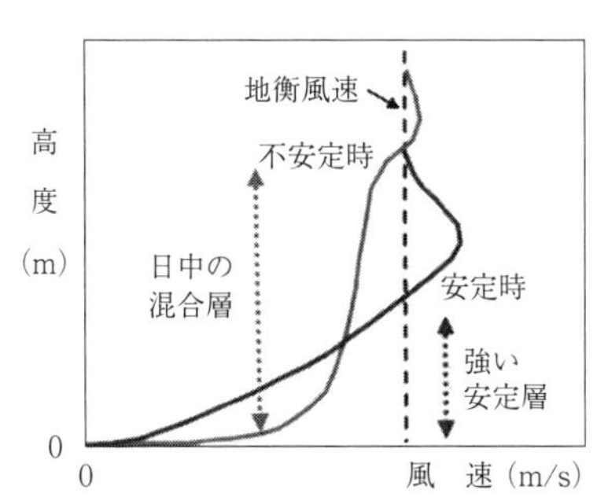

図 5.4　大気の安定時と不安定時における風速の鉛直分布の模式図（近藤，2005，図 13.4）．

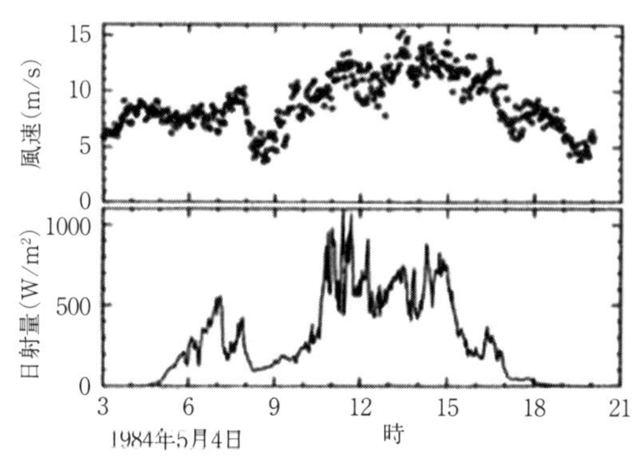

図 5.5　乾燥した田んぼの上で観測した日射量の変動（下図）と高度 5.2 m の地上風速の変動（上図）(Kondo and Kuwagata, 1992).

温度が下降すると，大気の不安定度が弱まり鉛直混合も弱まり，地上風速が弱くなる．こうした傾向は，地表層の土壌が比較的に乾燥しているときにみられる．表層土壌が乾燥していれば熱慣性が小さいことと，蒸発の潜熱に費やされる熱エネルギーが少ないために日射量の変動に対して地表面温度の追従性がよいからである．

図 5.5 は田植え前の乾いた田んぼの上で観測された日射量の変動（下図）と高度 5.2 m の地上風速の時間変動（上図）である．詳しく統計してみると，地上風速は約 0.7 時間の遅れで日射量の変動に追随している．0.7 時間の遅れは厚さ 2 km 程度の下層大気全層で地表面温度の上昇・下降にともなう大気安定度の弱化・強化が起こり，地上風速の増強・減衰が生じたものである．

この現象は，地表面が濡れているときや積雪で覆われたときは起きにくい．なお，海面では水温の時間変化が小さいので，大気の安定度は昼夜ではなく，暖流域で不安定に，寒流域で安定になることが多い．

地表面の凸凹（粗度）と風速

地表面に近い大気の「接地層」における風速の鉛直分布は地表面の粗度 z_0 の影響を受ける．z_0 は地表面にある樹木，草，積雪など粗度物体の幾何学的な高さと粗度物体の分布密度によって決まる．

図 5.6 は，大気安定度が中立時の風速の鉛直分布で，縦軸の高度 z は対数目

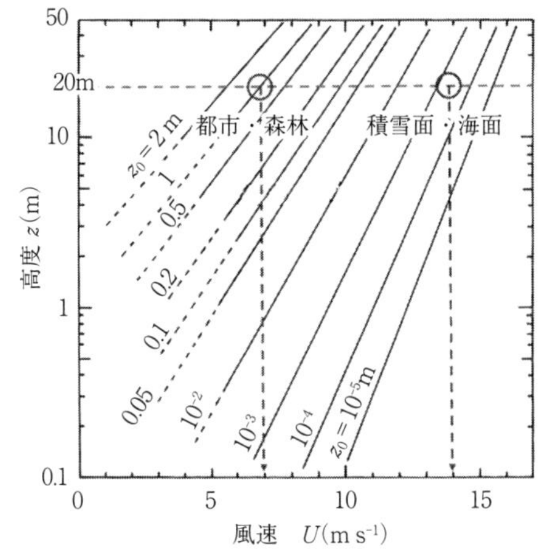

図 5.6　大気安定度が中立のときの風速の鉛直分布，地表面の粗度 z_0 をパラメータに表わしてある．高度 1 km 付近の風速が 20 m/s のとき（近藤，2000，図 3.7）．

盛で表わしてある．たとえば高度 $z=20$ m で観測したとき，風速は粗度 $z_0 \fallingdotseq 1$ m の都市や森林上では 7 m/s であるが，粗度 $z_0 \fallingdotseq 5\times10^{-5}$m の海面や積雪面上では 14 m/s となる．なお，森林など粗度物体の平均的な幾何学的な高さ h が大きく密な場合，地面からの高さ $d \fallingdotseq 0.7\,h$ を高度の基準 $z=0$ とする．図 5.6 の縦軸 z はその基準の高さから測った高度である．

風速の時間変動

風速の激しい時間変動は，積乱雲の中など激しい乱れのある場所を除けば，上空ではほとんどないが，地表面付近では大きい．地表面の粗度 z_0 が大きいほど，風に働く摩擦力が大きく風に乱れが生じて平均風速が弱くなる．風速は瞬間ごとに変動しており，その変動は「風の息」と呼ばれ，大気安定度が不安定なとき（陸上では日中）に激しく，安定なとき（陸面上では夜間）に弱くなる．さらに，高度によっても変わる．最大瞬間風速は，ある時間帯の瞬間風速の最大値のことである．

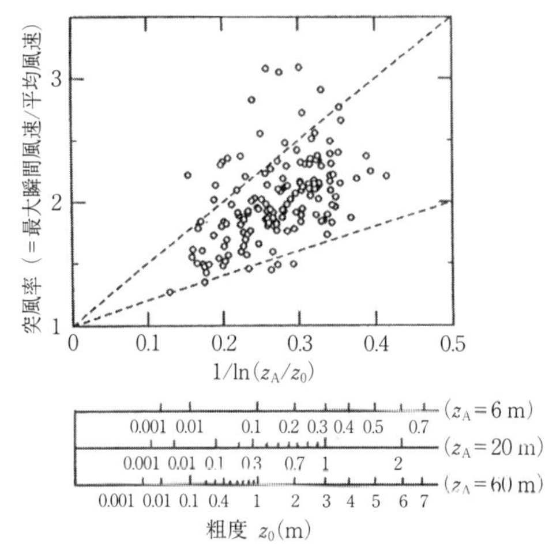

図 5.7　全国の気象観測所における突風率と地表面の粗度 z_0 との関係，1991 年台風 19 号のとき．z_A は風速計の地上高度を表わす．なお，風速計の地上高度 z_A が 6 m，20 m，60 m の場合について，z_0 の目盛は横軸の下に付けてある．2 つの破線は突風率の理論値のおおまかな範囲を表わす（桑形・近藤，1992）．

地表面の粗度が突風率を上げる

ある一定時間内における最大瞬間風速の平均風速に対する比を突風率という．突風率は 1.5 と言われてきたが，風速変動の大きさは諸条件で変わり，風速計の地上高度 z_A＝6 ～ 60 m の範囲のときの突風率は 1.2 ～ 3 の範囲に分布する．なお，アメダスや気象官署のほとんどは z_A＝6 ～ 60 m の範囲にある．

図 5.7 は全国の気象観測所で観測された突風率と地表面の粗度 z_0 との関係である．陸上の z_0 は国土数値情報の土地利用データより求めた値である．海上では風速＝10 m/s のとき z_0≒0.001 m，突風率は 1.2 ～ 1.5 となる．z_0 の大きい陸上での突風率は，粗度の他に大気の安定度や観測高度によって大きく違ってくる．

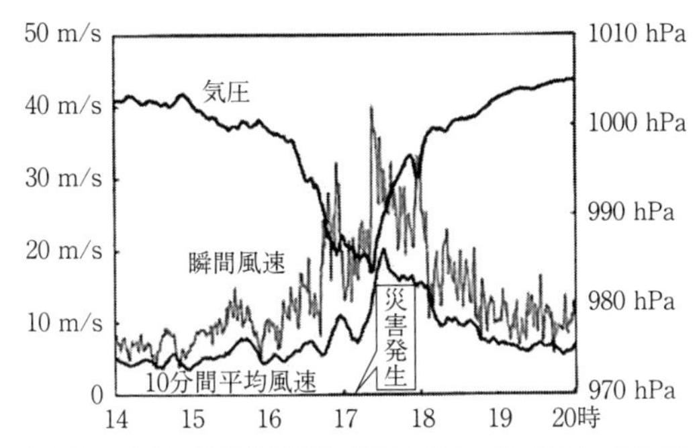

図 5.8 台風 22 号通過時（2004 年 10 月 9 日）の横浜地方気象台における気圧と瞬間風速と 10 分間平均風速の時間変化（近藤，2006，図 9.9）．

海岸の突風によるトラックの横転災害

2004 年の台風 22 号は 10 月 9 日の午後，相模湾を東北東へ向かい，17 時 10 ～ 20 分ころに三浦半島を横断し，東京湾へと進んだ．この台風では，17 時 10 分ころ，横浜地方気象台から十数 km 南の横浜市金沢区海岸の駐車場で貨物自動車（トラック）の多数が吹き飛ばされ横転し，積み重なるという災害があった．

図 5.8 は同じ日の横浜地方気象台における記録である．横浜地方気象台におけるこの日の最大瞬間風速は 39.9 m/s（17 時 22 分），最大風速（瞬間でなく平均風速の最大値）は 19.8 m/s（17 時 31 分頃）である．両者の比より，気象台での突風率＝2.0 となる．図 5.7 で示した突風率の関係を用いて，2004 年 10 月 9 日，横浜市金沢区海岸の駐車場でトラック多数が吹き飛ばされたときの瞬間風速を見積もってみよう． 海岸であるので，海上風がこの駐車場に吹き込んだとする．海上での風速はどれぐらいであっただろうか？

相模湾沿岸のほぼ中ほど平塚の沖合 1 km の水深 20 m に海洋観測塔があり，風速計の高度は海面上 21 m である．陸上施設は波打ち際より約 250 m 内陸の，標高 7 m にあり，陸上の観測塔の風速計の高度も 21 m である．

図 5.9 は台風接近時の風速で，1 分間平均風速をプロットしてあり，1 分間最大風速は海上で 38.4 m/s（16 時 37 分），陸上で 22.7 m/s（16 時 36 分）である．なお，10 分間最大風速は，海上で 37 m/s，陸上で 20 m/s（ともに 16

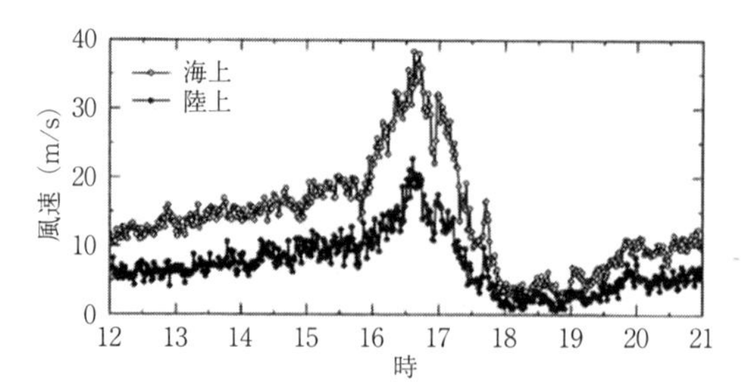

図 5.9　相模湾平塚沖の海洋観測塔と沿岸の陸上施設で観測された 2004 年 10 月 9 日の 1 分間平均風速の記録（近藤，2006，図 9.8）．

時 40 分ころ）であった．

陸上では平塚でも横浜地方気象台でも 10 分間最大風速はほぼ同じ 20 m/s であったので，横浜沖の海上での 10 分間最大風速は平塚沖と同じ 37 m/s であったと仮定しよう．

暴風時の海面の粗度は $z_0=0.001$ m 程度である（近藤，1994，図 7.4）．風速計の海面上の高度を $z_A=20$ m とし，図 5.7 にてプロットのバラツキ具合から，突風率＝1.2 ～ 1.5 と読み取れる．したがって海上では，

瞬間最大風速＝37 m/s×（1.2 ～ 1.5）＝44 ～ 56 m/s

海岸の駐車場では，これに近い瞬間最大風速が吹いたと推定できる．

強風時の同じ高度の風速について要約すると，平均風速は粗度によって大きく異なるが，瞬間最大風速は粗度によって大きく違わない．

防風林の効用

地表付近（高度 10 m 以下）の風速は建物など直近の事物の影響を受ける．広い場所に比べて狭い場所の風速は弱くなる．防風林や建物など障害物からの風下距離 X ではその高さ h の 30 倍以上の風下であれば，障害物の影響はほとんど受けない．障害物の影響を受けない広い場所の風速（風上風速）に対する風下の風速の低減率は X/h の関数で表わすことができる．図 5.10 は，風下距離と風速の低減率の関係である．風下距離 $X/h=2$ ～ 30 の範囲で，風速の低減率は風下距離の対数に比例する．

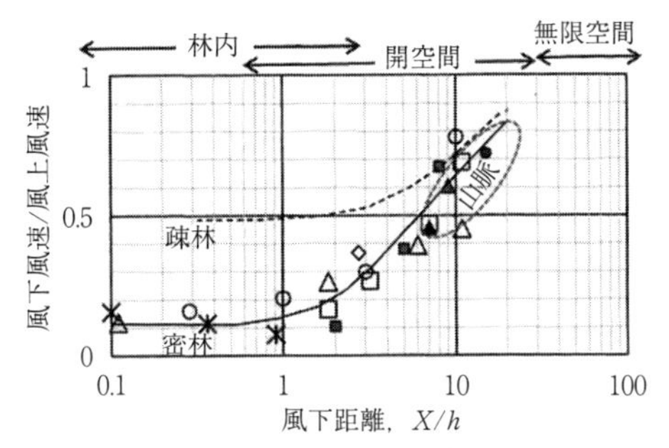

図 5.10　防風林などの風下距離（対数目盛）と風速の低減率の関係．風下距離 X は樹木などの高さ h で割り算した無次元量で表わす（近藤，2015，図 121.3）．

時代による風速の見かけ上の変化

観測値は風速計の示す示度であり，示度は空気塊の運動速度を正しく表わしているわけではない．示度が何を表わすかを理解していなければならない．観測誤差を小さくするために，長年にわたり測器の開発と観測方法は工夫されてきたが，観測値には誤差が含まれている．

図 5.11 は函館における年平均風速の経年変化である．この図から，ある人は，「風速は約 50 年の周期変動をしている」と読み取るだろう．また他の観測所の例であるが，破線で囲む範囲（1）に示されるように風速が時代と

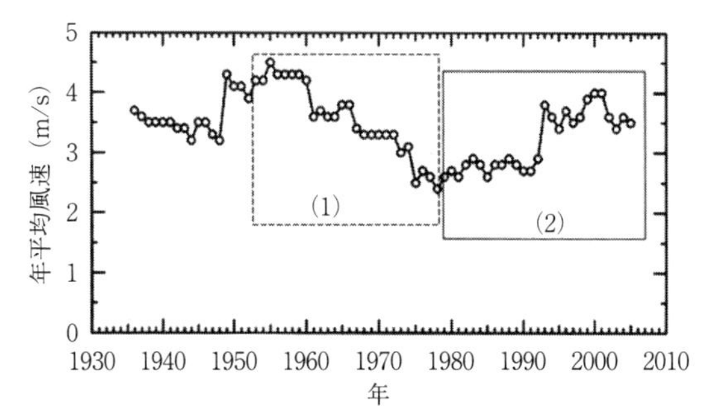

図 5.11　函館における 1935 年以降の 70 年間の年平均風速の変化．図中の（1），（2）の説明は本文を参照（近藤，2012）．

ともに減少することから，「風速の弱化は地球温暖化の影響で季節風が弱くなった」という論文がある．一方，実線（2）で示す範囲に示されるように，近年の風速の強化は「温暖化で台風が大型化する傾向にある」という発表もある．

真実はそうではない．間違った情報を見抜く力をもとう．図に示す風速は見かけ上の変動であり，観測所が移転したこと（1940 年），風速計の検定定数が変更されたこと（1949 年），風速計の種類が変更されたこと（1961 年，1975 年，1982 年），観測所の周辺に建物が増えて風速が弱まったこと（1960～1990 年），風速計の設置高度が高くなり（1992 年以降）風速が強く観測されるようになったことによる．

むすび

平均風速の高度分布や風速の時間変動は大気安定度と地表面の粗度に依存する．風速の時間変動が激しいのは乱流が強いことである．乱流は大気を一様化し，同時に，熱や水蒸気や浮遊物質を効率よく上下方向に運ぶ働きをしている．地上風の 3 次元的な変動の観測例，摩擦力は風のもつ運動量の鉛直輸送量であることなど，詳細を知りたい場合は近藤（2004）を参照のこと．

気象要素の長期変動（温暖化・気候変動）を正しく求めることは非常に難しい．第 1 章では気温，第 2 章では降水量，第 3 章では湿度、本章では風速について，観測や統計の方法などが時代によって変更されてきたことを知った．このことに注意し，論文など各種情報を鵜呑みにしないようにしよう．

参考文献

近藤純正，1982：大気境界層の科学――大気と地球表面の対話．東京堂出版，pp. 219.
近藤純正，1987：身近な気象の科学――熱エネルギーの流れ．東京大学出版会，pp. 208.
近藤純正（編著），1994：水環境の気象学――地表面の水収支・熱収支．朝倉書店，pp. 350.
近藤純正，2000：地表面に近い大気の科学．東京大学出版会，pp. 324.
近藤純正，2004：基礎 1：地表近くの風．
www.asahi-net.or.jp/~rk7j-kndu/kenkyu/ke01.html
近藤純正，2005：M13．境界層と風（Q&A）．
www.asahi-net.or.jp/~rk7j-kndu/kisho/kisho13.html

近藤純正，2006：9．風で環境を観る．
www.asahi-net.or.jp/~rk7j-kndu/kenkyu/ke09.html
近藤純正，2012：地上気象観測．天気，**59**，165-170．
近藤純正，2015：K121．空間広さと気温―「日だまり効果」のまとめ．
www.asahi-net.or.jp/~rk7j-kndu/kenkyu/ke121.html
桑形恒男・近藤純正，1992：風速計高度や粗度の違いを考慮した1991年台風19号の強風解析．自然災害科学，**11**，87-96．
Kondo, J. and T. Kuwagata, 1992: Enhancement of forest fires over northeastern Japan due to atypical strong dry wind. *J. Appl. Meteor.*, **31**, 386-396.
Kondo, J., Kanechika and N. Yasuda, 1978: Heat and momentum transfers under strong stability in the atmospheric surface layer. J. Atmos. Scio, **35**, 1012-1021.
Kondo, J., Y. Sasano, and T. Ishii, 1979: On wind-driven current and temperature profiles with diurnal period in the oceanic planetary boundary layer. *J. Phys. Oceanogr.*, **9**, 360-372.
Nansen, F., 1902: The oceanography of the North Pole Basin. In Scientific Results of the Norwegian North Pole Expedition, 1893-1896 **3**(9), 427.

6　河川改修と養殖魚の大量死事件

宮城県の牡鹿半島先端の東側にある金華山は，南北 5 km，東西 3.6 km の小島である．ここは信仰と観光の島で，一般住民は住まず，原生林の中にニホンジカやサルが生息している．島の南東側には金華山灯台があり，東北地方ではもっとも早い 1882（明治 15）年 6 月から気象観測が行なわれてきた．ここでは，1984 年の 1 ～ 4 月の平均気温は 2.0℃で 100 年来の第 1 位の最低値，降雪日数は 49 日で 1944 年の 52 日に次ぐ第 2 位であった．金華山では，それまでの気候がよかったことのほかに，観光用の目的もあってシカは保護され，688 頭にも増えすぎていた．そのうち 45％の 309 頭が寒さと積雪で引き起こされた食糧不足で死亡したのである．この事件から真の動物保護・自然保護とは何かを考えさせられる（近藤，1987，7 章）．

それから 10 年後の 1994 年夏，宮城県蔵王町の養魚場で魚の大量死事件があった．蔵王連峰の東側の渓流・秋山沢川は 1989 年 8 月の台風 13 号による豪雨で氾濫した．その後，災害復興のために改修され，川幅は広げられ，河床は平らとなった．さらに周辺の樹木が伐採されたことにより，日当たりと風通しがよくなり，河川の水温が異常に上昇し，川の水を利用した養魚場で稚魚が大量死した（図 6.1）．これは，魚の生命活動に必要な水に溶けている

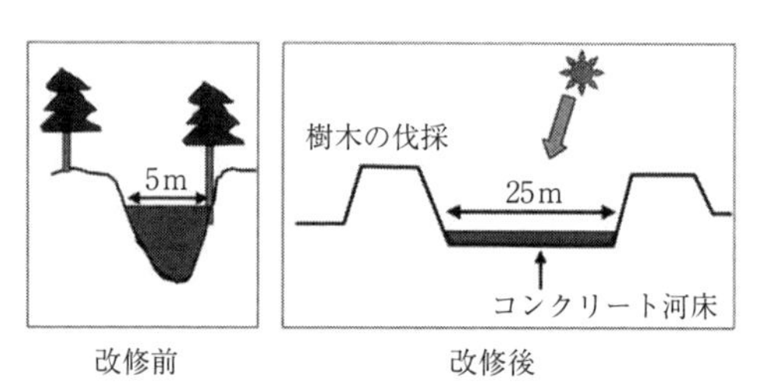

図 6.1　河川改修の前（左）と後（右）の秋山沢川の断面模式図（近藤，2007）．

酸素量（溶存酸素量）が水温上昇によって減少したことによる．

前年の 1993 年（平成 5 年）の夏は，1991 年 6 月 15 日にフィリピンのピナトゥボ火山が噴火した影響で大冷夏となり，コメが不足し「平成の米騒動」が起こった年である．その翌年 1994 年の夏は逆に猛暑となった．さらに，6 ～ 8 月の仙台における降水量は 1971 ～ 2000 年の 30 年間平均値 472 mm の 51%（243 mm）の少雨であった．この年は全国的な異常渇水であった．

そのため 1994 年夏の秋山沢川では，水流の深さは 0.08 m と浅く，流速は 0.4 m/s ほどに弱くなった．そして，源流点から養魚場までの距離 2 km の間に，晴天日中の最高水温は河川改修前に比べて 5 ～ 6℃ も上昇した．

河川改修による水温変化

源流点では，水の多くは地中からの湧水であり，水温の日変化・季節変化の幅は小さい．河川水の温度は流れる時間（源流点からの距離）にしたがって，夏は上昇，冬は下降する．夏なら大気からの顕熱と大気放射量により，さらに日中は太陽からの短波放射（日射）によって昇温する．夏の源流域では，水温は気温に比べて低く，空気が多湿の日は水蒸気が水面に凝結するときの潜熱によっても水温は上がる．気温と湿度と風速の違いによって，大気との顕熱・潜熱の交換量は異なり水温上昇は違ってくる．水温上昇は，水面の単位容積当たりに入る熱交換量が多いほど大きくなる．それゆえ，水温上昇は水量が多いときは流速も速く水深が深いために小さいが，水量が少なければ大きくなる．水温変化は各時刻に源流点から流下する水塊の時々刻々の熱収支式から計算することができる．その結果から，源流点からある距離の地点における水温の日変化を知ることができる．

日中の簡単な例として，水深 1 m の水に正味入る熱量 = 500 W/m^2 が一定のとき，水の体積熱容量（= 比熱 × 密度）= 4.2×10^6 $J\ K^{-1}\ m^{-3}$ であるので，

水温変化率 = 正味入る熱量/体積熱容量 = 0.12×10^{-3}℃/s = 0.43℃/h

となる．仮に，水深が浅く 0.1 m なら，水温変化率 = 4.3℃/h となる．

図 6.2 は源流の水温が 17℃ で，水深 0.2 m，流速 0.35 m/s で流下するとき，源流点からの距離 1 km と 30 km の地点における水温の日変化を示している．図によれば，水温の日変化幅は，源流の近くでは小さいが遠くなれば大きくなる．水温の日変化・年変化の小さい源流に近い場所に養魚場がつくられ養

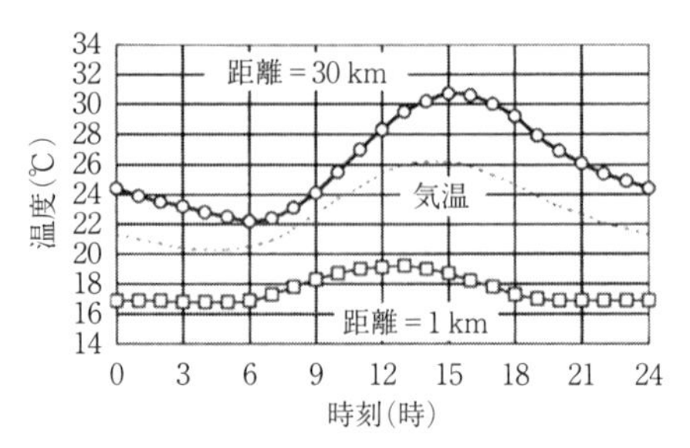

図 6.2　源流点からの距離が 1 km（四角印）と 30 km（丸印）における水温の日変化，点線は気温．水深＝0.2 m，流速＝0.35 m/s（24 時間で 30 km を流下），夏の晴天日，源流の水温＝17℃の場合（近藤，1995，図 5）．

魚されていたのである．

自然の河床は平らではなく，流量の多い洪水時は川幅いっぱいの急流となるが，流量が少ないときの水は低い狭い所を流下する．ところが，河川改修によって水深が浅く水流も弱くなり水温が異常上昇したのである．

水温変化と魚の大量死事件

河川改修では，河床は広げられコンクリートで平らに固められた．もし，狭い流水部が造られていたならば，渇水時でも極端に高い異常水温は生じなかったはずである．自然の河川は蛇行し，所々に淵があり浅瀬もある．水中には多くの動植物が生息し，川岸には草木が生い茂る．これまでの多くの工事は，こうした自然を考慮せずに行なわれてきたのではなかろうか．魚の大量死事件（1994 年 7 月 15 日と 8 月 7 日）が新聞で報道されたことから，筆者は河川の水温について研究を開始し，3 か月後に河川改修のありかたについて提言したところ，11 月 24 日の新聞で，「宮城県河川課は，渇水時にも水深が保たれるように，環境に配慮した秋山沢川の再改修の方針を固めた」と報じられた．それから 13 年後の 2007 年 10 月 22 日，秋山沢川を視察してみると，再改修されて，広い河床には 2 ～ 3 m 幅の溝（水路）があり，低水時（渇水時）の河川水はその水路を流下していた（近藤，2007）．図 6.3 はその写真である．13 年も経てば，コンクリートの河床には土石もたまり，多くの草も生えていた．

図 6.3　再改修後の秋山沢川，2007 年 10 月 22 日撮影．

河川の流量と水温を予測する

すでに示した図 6.2 では，河川の流量（水深，流速）がわかっている日について水温を計算したものである．しかし，河川の流量は流域の降雨量，表層土壌内の含水量など諸条件に依存し，降雨から時間遅れで現れる．表層土壌が乾いていれば，降雨があっても河川の流量変化は小さいが，土壌が十分に湿っているときの流量は雨後すぐに増える．こうした物理過程から流量を計算する「タンクモデル」が数学者・菅原正巳により 1956 年ころ考案され，実用になるタンクモデルが 1961 年に論文として発表された（Sugawara, 1961）．「タンクモデル」の主目的は短時間で変化する洪水予測である．河川ごとに用いるパラメータは洪水時の水量は急激に変化するため 10 ～ 20 個の多数を必要とする（菅原，1993）．

いっぽう 1 日単位の現象を予測する場合のパラメータは少なくてよい．それを最初に開発したのが眞鍋淑郎による「バケツモデル」である（Manabe, 1969）．「バケツモデル」は地球規模の大気の大循環に応用することを目的としたもので，河川の流量や水温予測の目的に利用するには精度が足りない．

そこで開発されたのが「新バケツモデル」である（近藤，1993）．「新バケツモデル」を流域面積 13 km^2 の秋山沢川に応用する際に，気温や降水量などは近くの 2 アメダス（白石，川崎）の観測値を用いた．標高による気温の違いは気温の高度減率（標準大気の対流圏の高度減率 = 0.0065℃/m）を用い，降水量は標高に比例して増加すること，冬の降水は気温による雨・雪の判別式を用い，春の融雪は熱収支式で決まる融雪係数を用いた（近藤ほか，1995）．

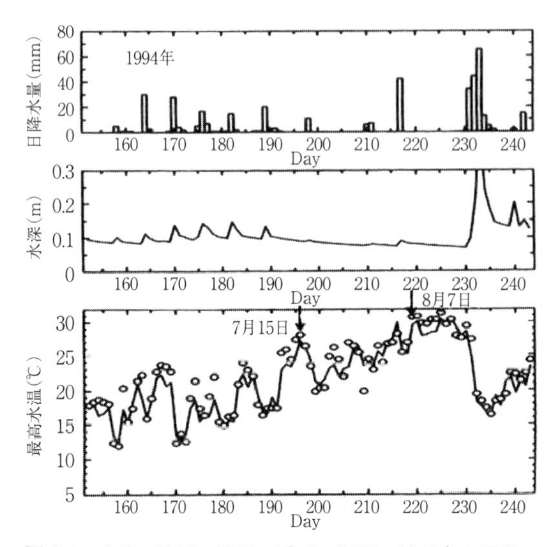

図 6.4　流域の降雨・降雪，融雪，河川・地下水の流出・貯留を含めた計算結果．横軸は 1 月 1 日からの日数である．上：降水量，中：計算された河川の水深，下：最高水温の観測値（丸印）と計算値（実線）の比較，図中の 2 つの矢印は魚が大量死した 7 月 15 日と 8 月 7 日の最高水温を指す（近藤ほか，1995，第 6 図）．

図 6.4 は計算結果であり，最上段は計算に用いた日々の降水量の観測値，2 段目は計算から得られた流量から求めた水深，最下段は日々の最高水温である．丸印は養魚場で観測された日々の最高水温である．

図 6.4 からわかるように，大半の日に最高水温が 20℃以上になった．矢印で示す 7 月 15 日（day196）には水温が異常に上昇し，ギンザケが大量死，8 月 7 日（day219）にも水温の異常上昇によってニジマスが大量死した．この図には示していないが，河川改修がなかったとした場合の最高水温に比べて晴天日は 5 ～ 6℃も高温になった．前年 1993 年の冷夏の図は示していないが，6 ～ 8 月の降水量は 667 mm で 1994 年の 2.7 倍もあり流量が多く，気温も低かったこともあり日々の最高水温の観測値は 20℃以下であった．

眞鍋淑郎のバケツモデルと「新バケツモデル」

図 6.5 は眞鍋淑郎の「バケツモデル」と筆者の「新バケツモデル」の特徴

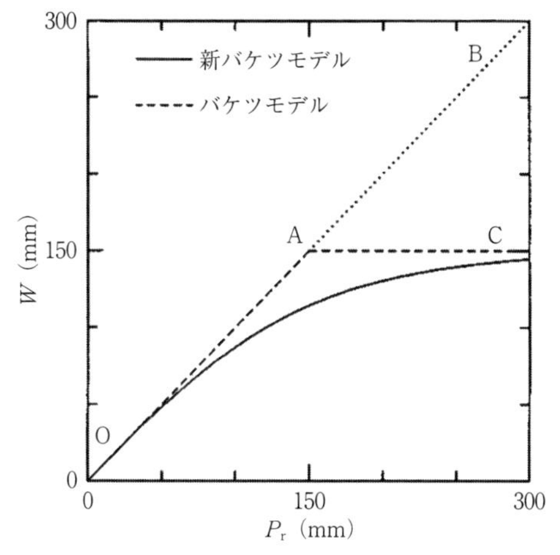

図 6.5　土壌の最大保水容量 W_{max}=150 mm のときの降水量 P_r と表層土壌の含水量 W の関係．ただし，初期含水量 W_o=0，蒸発量=0 としたとき．破線 OAC：バケツモデル（折線），実線：新バケツモデル（なめらかな双曲線正接関数）．点線 OB と実線の縦軸の差が，新バケツモデルを用いたときの河川の流出量となる（近藤，1993）．

を説明したものである．わかりやすくするために，この図は初期条件として土壌の含水量 W_o がゼロで，地表面からの蒸発量もゼロのときである．

ここで，バケツモデルによって 1 日単位の水収支関係を考える．縦軸の土壌水分量 W は降水量 P_r が少ないときは斜めの直線 OA に沿って増加する．バケツの深さ W_{max} = 150 mm を超えるような雨が降ると水は溢れ河川流が発生する．そのため，水収支関係は破線で示す折線 OA と AC のようになる．点線 AB と水平の破線 AC の縦軸の差が河川の流出量となる．

しかし現実には，W_{max} 以下の雨でも河川による流出は起こるので，それらの関係は実線で示す曲線となるはずである．その理由は，現実には土壌構造は非均質で，地中には「水みち」と呼ばれる水の通りやすいところや，土壌の薄い部分と厚い部分もあって，雨が降るとその一部の水はすぐ流れてくるからである．菅原正巳による穴のあいた「タンクモデル」でも，その他の洪水予測の最近の各種計算方式でも，1 日単位の水収支量はすべてこの曲線のようになる．河川流の予測目的の「タンクモデル」などを，気象学で取り扱う地表面の熱収支・水収支の問題に応用するには，パラメータが多すぎて不便である．

「新バケツモデル」は「タンクモデル」の高精度と「バケツモデル」の単純性の両方の特徴をそなえたものである．「バケツモデル」はバケツの絵で表わすことができる．しかし「新バケツモデル」では，バケツの形状をした静止画では表わすことができない．すなわち，図 6.5 に示すように，バケツから溢れる水の量（流出量：直線 OB と曲線の差）は，降水量 P_r が少ないときでも生じる．

新バケツモデルでは，次のように双曲線正接関数（tanh）を使って表わす．

$\tanh(x) = \sinh(x)/\cosh(x) = (e^x - e^{-x})/(e^x + e^{-x})$ であり，

$$W - W_o = (W_{max} - W_o)\tanh(x)$$

$$x = \frac{P_r - E}{W_{max}}$$

ここに，W_{max} は表層土壌が流域内の空間平均としてどれだけ水を含みうるかの「最大保水容量」を表わし，日本の森林域では概略 300 mm，砂地で 45 mm，ローム地で 90 mm，粘土地で 107 mm である（近藤，1993）．また，W_o は前日の含水量，W は 1 日後の含水量，P_r は降水量，E は蒸発量である．

現実の複雑な森林流域に応用するときは，中間タンクと地下水タンクをつけて，$W_{max} = 300$ mm とは別に 4 つのパラメータが必要となる．それらは渇水時の流量と大雨後 9 日ほどの流量と冬の渇水期の最低流量，および大雨後の流量低下の時定数（追従時間）から決めることができる（近藤ほか，1995）．

むすび

小島・金華山におけるシカの大量死事件から，真の動物保護・自然保護とは何かを考えさせられた．それに続いて起きた，渓流を利用した養魚場における稚魚の大量死事件から，私たちは自然をより深く理解し，それに基づいた工事を行なうべきことを学んだ．研究の動機は興味・趣味からであるが，その結果はいずれ社会に役立つときがくる．

参考文献

近藤純正，1987：身近な気象の科学——熱エネルギーの流れ．東京大学出版会，pp. 208.

近藤純正，1993：表層土壌水分量予測用の簡単な新バケツモデル．水文・水資源学会誌，**6**，344-349.

近藤純正，1995：河川水温の日変化，(1) 計算モデル——異常昇温と魚の大量死事件．水文・水資源学会誌，**8**，184-196.

近藤純正，2007：M23．河川改修と魚の大量死事件．
www.asahi-net.or.jp/~rk7j-kndu/kisho/kisho23.html

近藤純正・本谷研・松島大，1995：新バケツモデルを用いた流域の土壌水分量，流出量，積雪水当量，及び河川水温の研究．天気，**42**，821-831.

菅原正巳，1993：タンクモデルと共に——A氏にあてた手紙より．水文・水資源学会誌，**6**，268-274.

Manabe, S., 1969: The atmospheric circulation and the hydrology of the earth's surface. *Mon. Wea. Rev.*, **97**, 739-774.

Sugawara, M., 1961: On the analysis of runoff structure about several Japanese rivers. *Jpn. J. Geophys.* **2**, (4), 1-76.

7　火山噴火と冷夏

地球上の気候に影響を及ぼすような火山の大規模噴火は100年間に10回ほど発生し，各噴火の間隔は40年余のこともあれば，数年間に数回も頻発することがある．

2022年1月15日にオーストラリア東方の南緯20°付近のトンガ諸島で海底火山フンガトンガ・フンガハアパイが噴火した．この噴火は後述する火山爆発指数VEI＝5～6？と推定されており，従来の分類では大規模噴火に相当する．この噴火で発生した気圧の波（空振）が原因となり，日本各地で0.5～1.3mの津波があった．この津波は気圧の波で海面が押されたことによるとみられ，地震で発生する通常の津波とは異なるメカニズムだとされ，日本では通常の地震による津波の到達時間より3～4時間ほど早かった．

この章では，大規模噴火後に特に東北地方の太平洋側で大冷夏になりやすい原因を考えることにしよう．コメの凶作と火山噴火との関係を調べてみると，1670～1994年の325年間に冷夏凶作は41回あり，そのうちの火山噴火によると見なされるものが26回（63%）ある．残りの15回（37%）は火山噴火以外を原因とする気候の自然変動によるもので，昭和初期の1931～1945年に頻発した5回の冷害がそれに相当する（近藤，1985；Kondo, 1988）.

1783～1786年（天明3～6年）の天明の飢饉や，1835～1838年（天保6～9年）の天保の飢饉は全国的なもので，数十万人に及ぶ餓死者が出た．江戸後半時代の人口は現在の3分の1程度であったので，いかに悲惨な状況であったかが想像できる．天明の飢饉は，1783年の浅間山の噴火（火山爆発指数VEI＝4）に続く6月8日に大噴火したアイスランドのラキ火山の噴火（火山噴出物＝15 km^3，VEI＝6）が原因とみなされる．天保の飢饉は1835年1月20日に中米ニカラグアのコシグイーナ火山の噴火（VEI＝5）によるものと推定される（近藤，1987；Kondo, 1988).

噴火後の異常な朝焼け・夕焼け

火山の大規模噴火後に，世界各地で異常な朝焼け・夕焼けが目視されている．1783 年 6 月 8 日のアイスランドのラキ火山の噴火後には成層圏に広がった噴煙微粒子によって異常な朝焼け・夕焼けがヨーロッパ各地で見られた．また，1835 年 1 月 20 日のニカラグアのコシグイーナ火山の噴火後には，外国で起きた噴火のことは知らなかったはずの仙台・伊達藩の一門・涌谷城主伊達安芸の家臣・花井安列の 4 月 1 日付けの日記に異常な朝焼けが毎朝見えたと記録されている．さらに，1883 年 8 月 26 日にインドネシアのクラカタウ火山の噴火（VEI＝6）のときは，噴煙微粒子は 3 か月後に世界中に広がった．この噴火後の 3 年間にわたってイギリスの風景画家 William Ascroft が異常な夕焼けをクレヨンでスケッチし，数百枚の絵がロンドン科学博物館に保存されている．

本書のカバー袖（上）の写真は 1982 年 3 月 28 日にメキシコのエルチチョン火山の噴火（VEI＝5）の 8 か月後につくば市で撮影された異常な夕焼けの写真である．日没約 40 分後の太陽高度＝－6.5 度のときであり，地平線上 2 ～ 3 度までが特に濃いバラ色で，地球の半径を 6370 km として幾何学的計算をすれば，噴煙微粒子は高度約 25 km の成層圏内に存在することになる．

異常な朝焼け・夕焼けは通常の雲（高層雲や巻層雲など）によるものではなく，成層圏に吹き上げられた噴煙微粒子によるものであるため，通常の雲がないときの日の出 20 ～ 50 分前，または日没 20 ～ 50 分後に見られる．

噴火規模の定義（1999 年までの噴火に利用）

火山の噴火では，火山灰とガス（二酸化硫黄 SO_2：別名亜硫酸ガス）が大気中に放出される．大規模噴火では，これら噴煙は成層圏（高緯度で高度約 8 km 以上，低緯度で高度約 16 km 以上）まで噴き上げられる．粒子の大きい火山灰は，重力により数か月で落下しなくなるが，SO_2 は硫酸の液滴微粒子となり，地上に届く太陽エネルギーを減少させる．これら数年間にわたり成層圏にとどまる微粒子を噴煙微粒子（エアロゾル）と呼ぶ．

2022 年 1 月 15 日にトンガ諸島で発生した海底火山の噴火を契機として 2000 年以後に用いる新しい大規模噴火の定義は後で説明する．従来の大規模噴火の定義は次の通りである．

dvi（dust veil index）：Lamb（1970）による火山噴煙指数（dvi）は直達日射の減少量」と「噴煙の広がり」と「その継続時間」の相乗積に比例する量で定義される．1883 年 8 月噴火のクラカタウ火山を基準の 1000 としている．ここに，直達日射量とは，全天空のうち，太陽の光球の範囲（測定上やむなく光球周辺のわずかな範囲も含む）から地上に届く直射光で，太陽光線に垂直な単位面積当たりに入る量（W/m^2）のことである．直達日射量は太陽高度のほか，水蒸気量や汚染物質（エアロゾル）の量によって変わる．

VEI（Volcanic Explosive Index）：Simkin ら（1981）による火山爆発指数である．噴出物の総体積を用いて 0 ～ 8 に分類したものである．

大規模噴火：VEI ≧ 5（噴出物の量 ＞ 1 km^3）と VEI＝4 の大きなもの（dvi ＞ 200）を大規模噴火と定義する．大規模噴火によって噴煙が成層圏に噴き上げられると，数年間大気中に滞留する．

中規模噴火：VEI＝4 で，かつ dvi ≦ 200（ただし噴出物 ＞ 0.1 km^3）のものを中規模噴火と定義する．本書では，中規模噴火の引用は南緯 30° 以南での噴火に限る．

火山噴火による日射量の減少：大規模噴火後の日射量の減少の目安として，晴天日における地上の直達光は 20％の減少，逆に散乱光の 100％の増加，それらを合わせた地上の全天日射量（水平面日射量）は 3％の減少，地球・大気系のアルベドは 1.5％増加する．中規模噴火では，これらの 10 分の 1 となる．地球上では晴天域と雲域はそれぞれ約 50％あるので，大規模噴火後の地上の全天日射量の地球平均値は 3％の半分の 1.5％減少する（近藤，1987 の表 9.1）．

大気上端に入射する太陽エネルギーの地球平均値は太陽定数 1360 W/m^2 の 1/4 の 340 W/m^2 である（第 1 章）．その一部は大気中で吸収・散乱され，残りの約 50％の 170 W/m^2 が地上の全天日射量の地球平均値となる．大規模噴火のときは，この 1.5％すなわち約 2.6 W/m^2 が減少する．2.6 W/m^2 は，通常の短期的な気象現象では無視できるが，長期的な気候変化・異常気象を生む大きさである．

大規模噴火後は冷夏になる

火山噴火後の東北地方の気温を調べてみると，その影響は冬には現れにくいが，夏には現れやすい．図 7.1 は宮城県の金華山灯台における 1834 年以後の夏 3 か月間の気温偏差の長期変化である．ただし，1834 ～ 1841 年は「花井安列の天候日記」の分析から推定した気温偏差である（近藤，1987；Kondo, 1988）．第 6 章で述べたように，金華山灯台は東北地方ではもっとも早い 1882 年 6 月から気象観測が行なわれた．

図 7.2 は 1980 年以後について，宮城県石巻における夏 3 か月間平均気温の偏差である．これら両図とも，大きい黒丸塗りつぶし印は南緯 10° 以北で発生した大規模噴火の夏，小さい黒丸塗りつぶし印はその翌年である．すべて大規模噴火後には気温偏差はマイナス（冷夏）となる．6 月噴火の夏を三角印としたのは，火山噴煙が北半球の成層圏に広がるまでには 3 か月以上かかるためである（近藤，1987，第 9 章）．それゆえ，6 月噴火は世界の夏の気候に影響しはじめるか否かの限界のため区別した．なお，2022 年 1 月 15 日のトンガ諸島で噴火した特殊な海底火山の噴火は後述の新しい定義では大規模噴火に相当しないので，通常年と同じ小白丸印でプロットしてある．

図 7.1 中に四角印で示した南緯 30° 以南での大規模噴火は回数がわずか 2

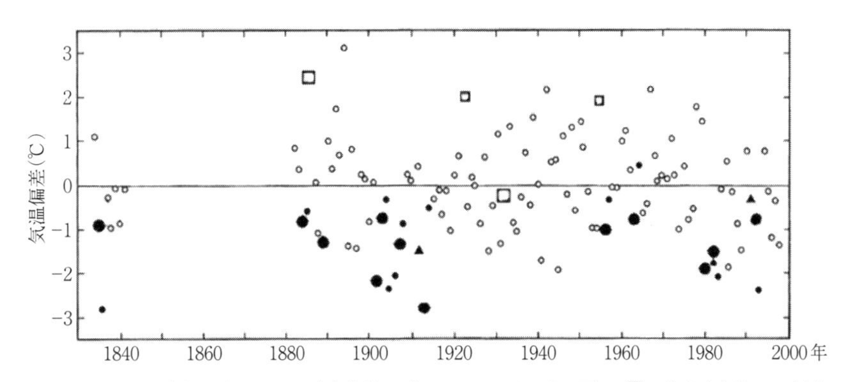

図 7.1　金華山の 1834 ～ 1998 年の夏 3 か月間平均気温（20.3℃）からの偏差の年々変化（1985 年以後は石巻の観測を使用）．大きい黒丸塗りつぶし印は大規模噴火直後の夏，小さい黒丸塗りつぶし印はその次の夏，三角印は 6 月噴火の夏，大きい四角印は南半球の南緯 30° 以南での大規模噴火の夏，小さい四角印は南緯 30° 以南での中規模噴火の夏（Kondo, 1988；近藤，2000，図 9.3）．

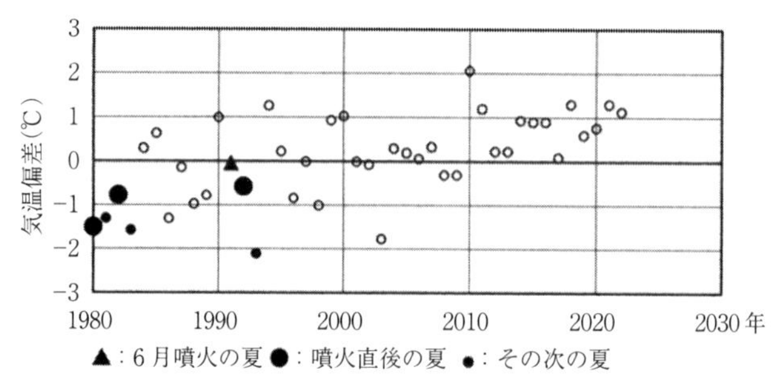

図 7.2　宮城県の石巻における 1980 ～ 2022 年の夏 3 か月間の気温偏差（ただし偏差は 1980 ～ 2020 年の 6 ～ 8 月平均気温 21.04℃との差）．三角印は 6 月噴火の夏，大きい黒丸塗りつぶし印は大規模噴火直後の後，小さい黒丸塗りつぶし印はその次の夏を示す．1993 年の −2.1℃の大冷夏は「平成の米騒動」を起こした．

回で確実性は低いが，中規模噴火の 2 回も含めれば噴火後の気温は上昇する傾向にある．それは，噴煙の北半球への広がりに時間もかかり，気候への影響が異なるためと考えられる．

図 7.1 で注意すべきは，大規模噴火がなくても 1928 ～ 1945 年の期間に気温偏差≦−1℃の大冷夏が 5 回も発生していることである．これとほぼ重なる 1923 ～ 1945 年の 23 年間は，寒流・親潮の南下で東北地方の三陸沖の海面水温が低い「寒冷な時代」であった．ところが 1946 年には，年平均海面水温は宮城県の江島で 1.4℃，福島県塩屋崎で 1.5℃もジャンプし，それ以後の水温は高温な「温暖な時代」となった（近藤，1987，図 13.6）．

山崎ほか（1989）によれば，親潮が南下したのは，東北地方の 3 地点（秋田，宮古，石巻）の気圧から求めた北北東の地衡風速（定常で等圧線が平行とし摩擦力が働かないときの風速，第 5 章）が「寒冷な時代」に特に強く親潮の南下を促し，三陸沖の水温が低い時代であった．つまり，たとえ大規模噴火がなくても，そのほかの気候の自然変動によって親潮の南下を促すような大気の循環場が変われば冷夏は起きやすいことを示している．

火山の大規模噴火後には世界中で低温になる地域が多くなり，同じ緯度帯の平均気温は低くなることが多い．図 7.3 は横軸に夏 3 か月間における北半球の北緯 30° ～ 60° 帯平均の気温偏差をとり，縦軸の金華山の気温偏差と比較したものである．横軸の目盛は拡大されていることに注意のこと．

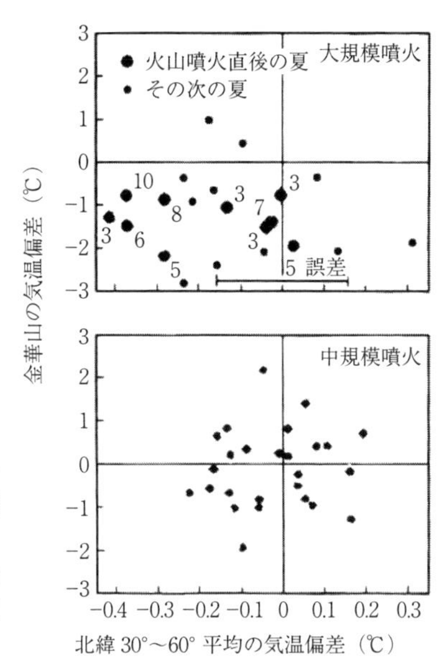

図 7.3　北半球中緯度（北緯 30°〜60°）の夏の気温偏差（横軸）と金華山の夏の気温偏差（縦軸）との関係（1881〜1984 年の 104 年間），記号は図 7.1 に同じ（Kondo, 1988; 近藤，2000 の図 9.4）．上：大規模噴火，図中の数字は噴火の月を表わす，下：中規模噴火．

図 7.3 の下図は中規模噴火の場合で，座標中心（0，0）からのプロットのバラツキの大きさは，図示していないが噴火ナシの平常年のバラツキの大きさ（自然変動の幅）と同じである．

一方，大規模噴火のときを比較した図 7.3 の上図では，北半球中緯度平均の気温偏差の − 0.2℃ ± 0.3℃ に対して金華山の気温偏差は − 1℃ ± 2℃ と大きい．とくに大規模噴火直後の夏の偏差は − 1.5℃ ± 0.7℃ となっている．

図 7.1 と図 7.2 で示したように，1834 年以後では，南緯 10° 以北での大規模噴火後には必ず冷夏が生じている．それ以前については歴史資料によれば，1670〜1830 年には冷夏による東北地方広範囲の大凶作が起きなかった大規模噴火が 2 例ある．その 1 として，1707 年 12 月 16 日の富士山の宝永噴火（VEI＝5）では，東北地方で広範囲の冷夏は生じなかった（近藤，1985）．しかし，現在の静岡県や神奈川県では，噴火堆積物により噴火約 80 年後まで長期にわたり洪水や農業不作をもたらした（近藤，2009）．その 2 として，1815 年 4 月 5 日〜11 日のインドネシアのタンボラ火山の噴火（VEI＝7）では，この翌年の夏は東北地方でやや低温であったが広範囲の大凶作にはならなかった（近藤，1985）．しかし，西欧や米国東北部では異常低温で飢饉が

起きた（Stommel and Stommel, 1983）.

噴煙微粒子と直達日射量

前述したように，世界の気候に影響する大規模噴火は，火山爆発指数 VEI≧5 または VEI＝4 で火山噴煙指数 dvi＞200 と定義したが，これは適切ではないと考える．なぜなら，今回 2022 年 1 月 15 日のトンガ諸島の海底火山は噴出物の総体積は多かったが成層圏に吹き上げられた噴煙微粒子の量は比較的に少なかったと言われている．それゆえ，VEI≧5 の場合でも，火山噴煙指数 dvi の条件をつけるべきと考える．しかし，dvi を決めるよりも手軽な方法として，気象庁（気象庁，2022a）による日本国内の地上における直達日射量の減少だけから dvi 相当の指数を決めたい．その方法は，南鳥島（北緯 24° 17.3′，東経 153° 59.0′）で 2010 年 4 月から連続観測している直達日射 1 時間量の月最大値の減少量を利用することである．南鳥島は太平洋高気圧帯（亜熱帯高気圧帯，中緯度高気圧帯）にあり，天気が比較的に安定し晴天日が多く，直達日射量から地球規模・広域にわたる大気の汚染状態を知るのに都合がよい．

南鳥島は日本の標準時を決めている東経 135° より東の東経 153° 59′ に位置するため，南中時刻は平均 1 時間 15 分早い．また，地球が太陽の周りの楕円軌道を回っているため南中時刻は季節により変化する．そのため，快晴であれば直達日射の最大値は 10 時 45 分の前後に観測される．実際には 1 時間量の観測中には太陽に雲片がかかることもあるので，直達日射 1 時間値の月最大値は太陽光球とその周辺に雲のない「雲ナシ条件」の正午前後の時間帯の 10 ～ 11 時または 11 ～ 12 時に観測される．

図 7.4 は 2010 年 4 月以後の直達日射 1 時間量の月最大値の経年変化である．縦座標の 360（単位：0.01 MJ/m^2h）が 1000 W/m^2 に相当する．この図から 2022 年 1 月 15 日のトンガ諸島の海底火山の噴火の影響として，直達日射 1 時間量の月最大値には減少傾向は見られない．すなわち，この噴火による噴出物の総体積 **VEI** は非常に多かったが，成層圏へ吹き上げられ世界中に広がった噴煙微粒子（エアロゾル）の量は少なかったと判断してよい．その結果として 2022 年は東北地方では冷夏にならなかった（図 7.2）.

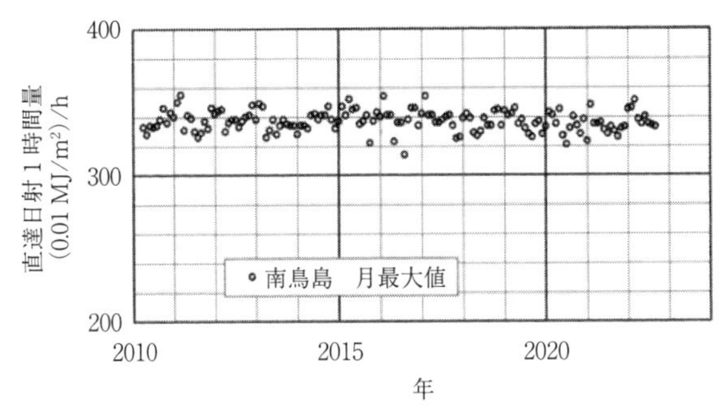

図 7.4　南鳥島における直達日射 1 時間量の月最大値の経年変化，2010 年 4 月から 2022 年 9 月まで．横座標の目盛の位置は各年の 1 月を指し，たとえば 2022 年の縦線上のプロットは 2022 年 1 月の最大値である．

新しい大規模噴火の定義（2000 年以後の噴火に利用）

2022 年 1 月 15 日にオーストラリア東方の南緯 20° 付近のトンガ諸島で海底火山フンガトンガ・フンガハアパイが噴火した（南緯 20° 55′，東経 175° 39′）．この噴火は火山爆発指数 VEI＝5 ～ 6 ？と推定されており，前記の旧定義によれば，VEI≧5（噴出物の量＞1 km³）であるので火山噴煙指数（dvi）の値にかかわらず大規模噴火に相当する．しかし，海底火山の噴火のためか，成層圏に吹き上げられた噴煙微粒子の量は少なく，1991 年 6 月 15 日のフィリピンのピナトゥボ火山の噴火に比べて 50 分の 1 程度の量と推定されている．そこで，この特殊な噴火を契機として，2000 年以後に用いる大規模噴火を以下の通り定義する．ここでは地球規模の気候への影響であるので，正午前後の時間帯における「雲ナシ条件」の日射量の減少量に重点をおく．

大規模噴火（新定義）：Simkin ら（1981）による火山爆発指数 VEI≧4（噴出物の量＞0.1 km³，発生頻度は 100 年間に数回）で，噴火後の「雲ナシ条件」における直達日射量が前後の平常時に比べて 10％以上減少した期間が 1 年ないしそれ以上続く噴火を大規模噴火と定義する．

第 2 章で説明したように，気象庁では国内 5 観測所（網走，つくば，福岡，石垣島，南鳥島）で短波の直達日射量と散乱日射量，および長波の大気放射量を観測している（気象庁，2022a）．このうち，南鳥島とつくば（館野）の

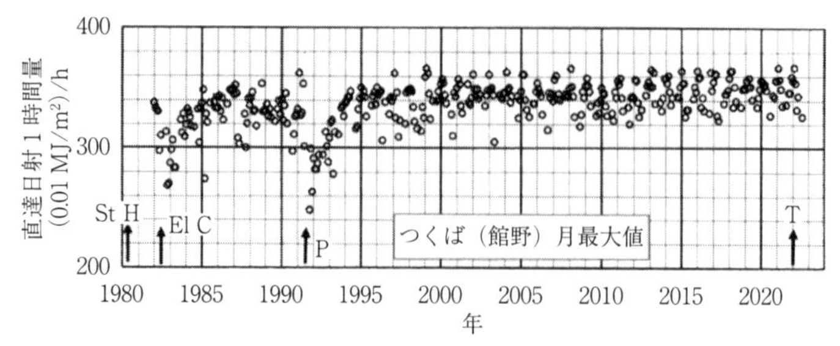

図 7.5　つくば（館野）における直達日射1時間量の月最大値の経年変化．横座標の目盛の位置は各年の1月を指す．6～9月は，雲ナシ条件が少ないので，毎月ではなく4か月間の最大値をプロットしてあり，1年間のプロット数は9である．図中の矢印St Hは1980年5月18日のセント・ヘレンズ火山の噴火，El Cは1982年3月28日のエルチチョン火山の噴火，Pは1991年6月15日のピナトゥボ火山の噴火．Tは2022年1月15日にトンガ諸島で発生したフンガトンガ・フンガハアパイ海底火山の噴火を指す．

2観測所における「雲ナシ条件」のときの直達日射1時間量の月最大値を用いる．ただし，つくば（館野）については1982年1月1日から毎時の1時間量が公表されているが，6～9月には雲ナシ条件はきわめて少なく6～9月の4か月間の最大値を選ぶことにした．

図7.5はつくば（館野）における直達日射1時間量の月最大値の経年変化である。1982年3月28日のエルチチョン火山の噴火（図中の記号：El C)，と1991年6月15日のピナトゥボ火山の噴火（図中の記号：P）に注目すると，平常時の直達日射量350（単位：0.01 MJ/m^{2}h）に対して噴火後には250～270となり20～30％の減少があり，10％の減少期間は1年以上続いている．

図7.4（南鳥島）でも図7.5（つくば）でも，2022年1月15日のトンガ諸島の海底火山の噴火による直達日射量への影響は見られないので，この噴火は世界の気候，特に日本の東北地方で冷夏を起こす大規模噴火ではなかった．

参考：気象庁の放射観測

気象庁の行なう直達日射を含む日射・放射の観測では，1秒データから1分間の平均値を作成して，1時間値を求めている．直前の1時間値を算出に用いており，たとえば10～11時の観測値は11時の値として示されている．

直達日射量の観測値から大気の濁りの度合い「大気混濁係数」を計算し，その経年変化も公表されている（気象庁，2022b）．

霧と雨天がもたらす東北地方の大冷夏

人々が経験から知っているように，雨天日は晴天日に比べて低温になる．図7.6は米作期（6月15日～9月15日）の気温偏差（縦軸）と降雨日数（横軸）の関係である．大きい四角印は天保時代に書かれた花井安列の天候日記から求めたものである．

図7.6によれば，雨の多い夏ほど冷夏の度合い（気温の低下量）が大きくなる．冷夏の年は東北地方太平洋側では寒流の親潮の上を吹いてくる冷気「やませ」によって霧・雨日が多く，低温日が多くなる．図7.6の右下端のプロットは1836（天保7）年に起きた未曾有の大飢饉の夏を示し，夏の92日間のうちの51日（55%）が降雨日であった．

すでに述べたように，大規模噴火があれば成層圏に吹き上げられた噴煙微粒子が地球・大気系に入る太陽放射量を減少させ，エネルギーバランスが変化し，大規模スケールの気圧配置が変わる．偏西風の流れの変化により夏のオホーツク海高気圧の滞留日数が増加する．同時に，太平洋高気圧の張り出しが弱い気圧場が続き，冷夏となる．

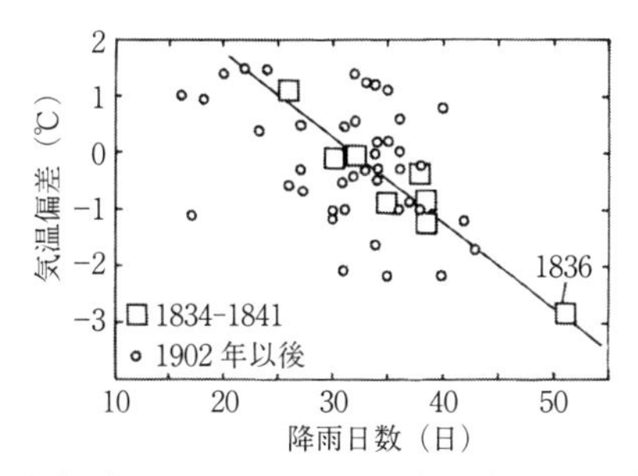

図7.6　米作期（6月15日～9月15日）の気温偏差（縦軸）と降雨日数（横軸）の関係，大きい四角印（1834～1841年）は天保時代の天候日記から，小丸印は1902年以後の石巻の気象観測データによる（Kondo, 1988）．

むすび

大気中に含まれる水蒸気や二酸化炭素など温室効果ガスは長波放射（おもに波長＝3～100 μm の範囲）を宇宙に向かって出すのと同時に地表面に向かっても出している．二酸化炭素濃度の増加によって地上の下向き長波放射量の 1～2 W/m^2 の増加で地球温暖化・気候変化が起きる（第 1 章）．大規模火山噴火があれば地上の全天日射量（水平面日射量）は 2～3 W/m^2 減少し，特に日本の東北地方で大冷夏が生じている．地球の気候はわずかな熱のバランスでなりたっている．

参考文献

気象庁，2022a：各種データ・資料 / 日射・赤外放射：
https://www.data.jma.go.jp/env/radiation/data_rad.html　（2022 年 9 月 10 日参照）
気象庁，2022b：大気混濁係数の経年変化：
https://www.data.jma.go.jp/gmd/env/aerosolhp/aerosol_shindan.html
近藤純正，1985：最近 300 年間の火山爆発と異常気象・大凶作．天気，**32**，157-165．
近藤純正，1987：身近な気象の科学――熱エネルギーの流れ．東京大学出版会，pp. 208．
近藤純正，2000：地表面に近い大気の科学．東京大学出版会，pp. 324．
近藤純正，2009：M46．富士宝永噴火と災害復旧．
http://www.asahi-net.or.jp/~rk7j-kndu/kislco/kisho46.html
山崎幸雄・上野英克・近藤純正，1989：東北地方太平洋沿岸域の大気と海洋の相互作用の長期変動．天気，**36**，689-695．
Kondo, J., 1988: Volcanic eruptions, cool summers, and famines in the Northeastan part of Japan. *J. Climate*, **1**, 775-788.
Lamb, H. H., 1970. Volcanic dust in the atmosphere; with a chronology and assessment of its meteorological significance. *Philos. Trans. Roy. Soc.*, London, Ser, A, **266**, 425-533.
Simkin, T., L. Siebert, and L. McClelland, D. Bridge, C. Newhall and J. H. Latter, 1981: *Volcanoes of the world*. Smithsonian Inst., Hutchinson Ross, pp. 232.
Stommel, H. and E. Stommel, 1983: *Volcano weather, the story of 1816, the year without a summer*. Seven Seas Press, Inc., Newport, Rhode Land. 山越幸江訳，1985：火山と冷夏の物語．地人書館，pp. 238.

8　蒸発・蒸散量と気温の関係

水面の年蒸発量と緯度の関係を示す後掲の図 8.2 によれば，低緯度の年蒸発量は高緯度のそれに比べて約 2 倍である．この図を専門家集団の講演会で見せて，なぜ大きな違いが生じるかをクイズで問えば，大多数の研究者は「低緯度で日射量が多いからだ」と答える．この回答は間違いである．年平均日射量の緯度による違いはわずかである．このクイズの正解は何だろうか？

正解は、あとで示すように、「低緯度は高温、高緯度は低温であるからだ！」である。同じ熱エネルギーが水面に入ったとき、高温のときほど蒸発に使われるエネルギーが多くなるからである。このことを本章で理解することにしよう。

本章はやや難しい内容であるが精読し、たとえば図 8.7（$C_{\mathrm{H}}U > 0.02$ m/s なら近似式の計算で十分）や 9 章の図 9.8 に示す計算を実際に行なってみる。計算は「エクセル」でもできる。そうして理解が進めば、多くの専門家が理解できていない現象もわかるようになる。

地表面では水が蒸発している．このとき太陽エネルギーの多くが蒸発の潜熱として使われる．植物では根から吸い上げられた土壌の水が葉面の気孔を通して蒸散している．植物は気孔から大気中の二酸化炭素を吸収し，根から吸い上げた水と，葉緑体内で吸収した太陽光によって，おもにブドウ糖を合成している．このとき太陽光のほんの一部が光合成のエネルギーとして使用される．植物の成長にとって必要な微量の無機養分も根から水とともに吸い上げられる．この過程で最終的に残った大量の水は気孔から空気中へ出ていく．これを蒸散という．地表面が受け取る太陽光のエネルギーの 1 ～ 3% を光合成により植物が固定し，残りの大部分は気孔からの蒸散の潜熱エネルギーとして使われる．

液体水が気化して水蒸気になる（蒸発する）には，潜熱のエネルギーが必要である．気化の潜熱は20℃のとき，$\iota=2.453\times10^6$ J/kg であり，1日当たりの蒸発量 $E=1$ mm/d=1(kg/m^2)/d は潜熱輸送量 $\iota E=28.3$ W/m^2 に対応する．熱エネルギーが与えられたとき，そのエネルギーが ιE に変換される割合は，気温や風速などの条件によって変わる．

熱輸送と温度

暑いときヒトが汗を多く出すのはなぜか？　気温が低いときは体温・気温差が大きいので人体から放出すべき熱エネルギーは顕熱が担ってくれる．しかし高温時は体温・気温差が小さいので主に発汗の潜熱によって熱放出が行なわれる．

地表面（湖面，海面，森林など）の蒸発量や蒸発散量（蒸散量＋雨天時の濡れた樹体からの蒸発量）の大きさを決める要因の第1は，地表面に入る入力放射量 $R^{\downarrow}$ である．$R^{\downarrow}$ は太陽からの短波放射量 $S^{\downarrow}$（日射量）と大気からの長波放射量 $L^{\downarrow}$（大気放射量）から成り，地表面のアルベド（反射率）を ref とすれば次式で定義される．

$$\text{入力放射量：} R^{\downarrow}=(1-ref)S^{\downarrow}+L^{\downarrow} \tag{8.1}$$

この章の目的は，入力放射量が与えられたとき，地表面温度と各熱収支量の配分比がどのようになるかを理解することである．

図8.1は地表面におけるエネルギー配分の模式図で，左図は低温時，右図は高温時である．ボーエン比（＝顕熱輸送量 H/潜熱輸送量 ιE）は，一般

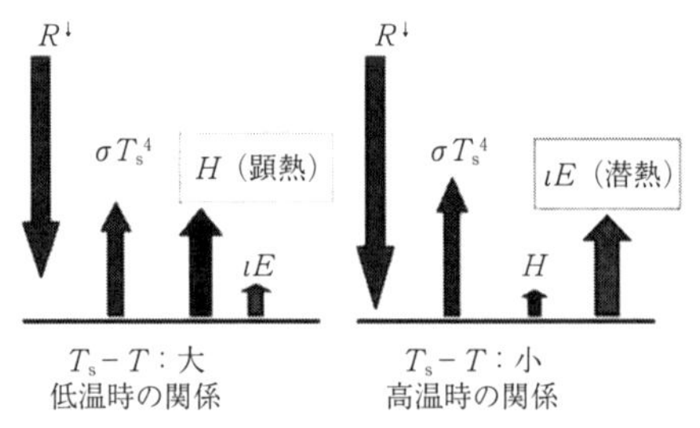

図8.1　低温時（左）と高温時（右）におけるエネルギー配分則を説明する模式図．

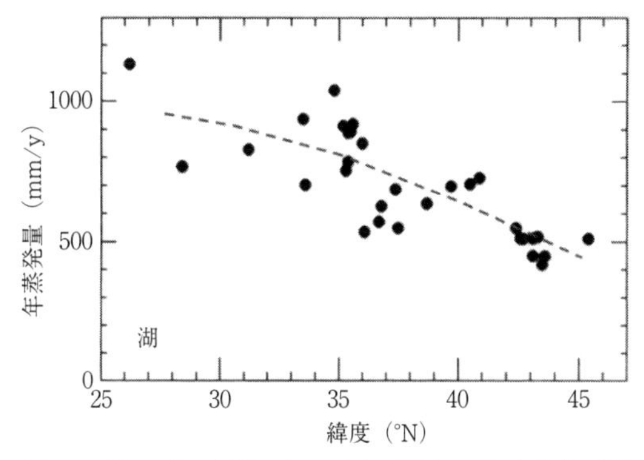

図 8.2　湖と浅い水面における年蒸発量の緯度分布（近藤（1994）の図 14.5 と表 14.5 に基づいて作成）．

に気温が高くなるほど小さくなる．それは，高温ほど含みうる水蒸気量が指数関数的に増加するからである．高温時（低緯度・熱帯など）では，$R^{\downarrow}$ の大部分は蒸発のために使われ，蒸発量 E（潜熱輸送量 ιE）が大きくなる．このとき，地表面温度が気温より少し上昇するだけで地表面と空気間の水蒸気量の差が大きくなるので，ほとんどのエネルギーは ιE によって放出され，H によるエネルギー放出量は少ない．

逆に，低温時（高緯度など）では，地表面（雪氷も含む）に熱エネルギー（$R^{\downarrow}$）が加えられれば，大部分は顕熱となり大気を直接加熱し，蒸発量はほんのわずかである．顕熱 H が大きいのは，地表面温度と気温の差（$T_s - T$）が大きくなるからである．

こうした関係は人体についてもあてはまる．ただし，人体の場合は，入力放射量 $R^{\downarrow}$ の中に人体発熱量（1 日の平均値は約 100 W，表面積は概略 1 m^2）を含める．人体は皮膚から放熱することで体温調節を行なっている．夏の暑いときは発汗・蒸発が主要な放熱作用である．これらの定量的な関係は，後述の理論式から理解しよう．

図 8.2 は日本の湖と浅い水面における年蒸発量の緯度分布である．緯度の代わりに年平均気温を用いた図 8.3 は日本の湖についての関係であり，左図は横軸を年平均気温にしたときの年蒸発量との関係であり，右図は年平均気温と年ボーエン比の関係である．ボーエン比が気温に強く依存することがわかる．つまり，同じエネルギーが水面に入射したとき，高温のときはその大

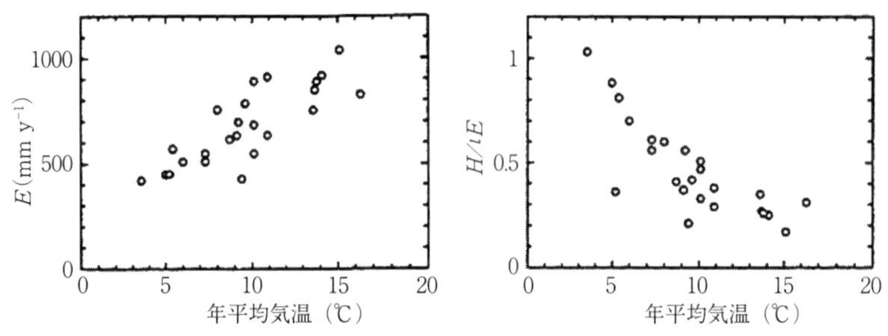

図 8.3　日本の湖における年平均気温と年蒸発量の関係（左），および年平均気温と年ボーエン比（＝顕熱/潜熱）の関係（右）（近藤，2000，図 5.5）．

部分が蒸発の潜熱に変換されるが，低温のときは顕熱に配分される割合が小さくなる．そのため，年蒸発量は北海道（年平均気温≒5℃）では約 450 mm/y であるのに対し，西日本（年平均気温≒15℃）ではおよそ 2 倍の約 900 mm/y である．

寒冷地の積雪地域において，熱を加えて蒸発・昇華によって除雪しようとすれば，加えた熱エネルギーの大部分は積雪の温度を上げて顕熱として失われ効率が悪い．除雪には，たとえばシャベルや除雪車など力学的に雪を移動させる方法，すなわち運動・位置のエネルギーを使えば効率がよい．

次に，ボーエン比が温度に依存する原理を詳しく知ろう．図 8.4 は空気の温度 T と飽和比湿 q_{SAT} の関係である．比湿 q（$=\rho_{\mathrm{W}}/\rho$）は，空気中に含まれる水蒸気の密度 ρ_{W} の湿潤空気の密度 ρ に対する比である．単位は kg/kg または g/kg で表わす．空気中で水蒸気が凝結しない限り，湿潤空気を上昇または下降させて気圧を変えても，あるいは加熱・冷却しても比湿は不変である．蒸発速度の計算などでは，比湿 q を用いる．たとえば，後で示すように，水面の蒸発速度は水面温度に対する飽和比湿と空気の比湿の差に比例する式（バルク式）で表わす．

地表面の熱収支式

図 8.4 の実線で示すように，飽和比湿は温度 T の上昇に対して指数関数的に大きくなる．この性質がボーエン比の温度依存性として現れる．それを次に示す地表面の熱収支式を用いて説明しよう．

式（8.1）で示した $R^{\downarrow}$ を入力放射量とすれば，地表面の熱収支式は次のよ

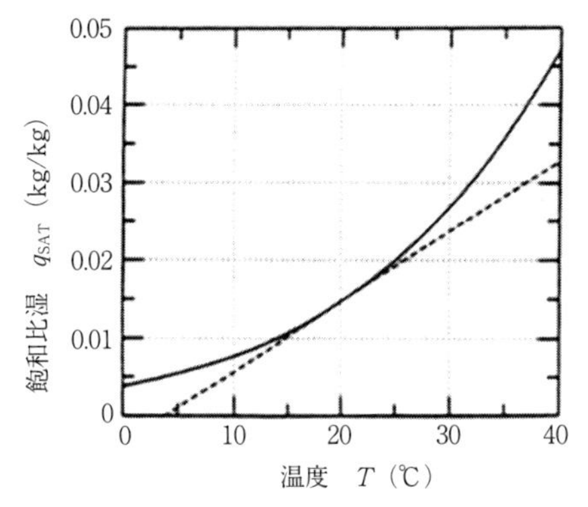

図 8.4　気圧 $p=1000$ hPa のときの飽和比湿 q_{SAT} と気温 T の関係．破線は $T=20$℃ における勾配（$\Delta=\mathrm{d}q_{SAT}/\mathrm{d}T$）を示す．

うになる．

$$R^{\downarrow}=\sigma T_s^4+H+\iota E+G \tag{8.2}$$

ここに T_s は地表面温度，H と ιE はそれぞれ地表面から大気に向かう顕熱輸送量と潜熱輸送量，G は下向きの地中（または水中）への伝導熱で地中温度（または水温）を上昇させるエネルギーで貯熱量ともいう．なお，上記の熱収支式はエネルギー保存則を表わす物理学の基本である．

理解を容易にするために，$G=0$ の場合を考える．すなわち，年平均状態あるいは植物の葉面など G が無視できる小物体を想定する．また，気温を T，空気の比湿を q，水面温度 T_s に対する飽和比湿を q_{SAT}（T_s）とする．式(8.2) の左辺は入力エネルギー，右辺は各項に分配される出力エネルギーである．地表面が熱エネルギーを放出するには地表面温度 T_s が上昇し長波放射量 σT_s^4 を出さねばならない．また，$(T_s-T)>0$ の場合には顕熱輸送量 H は放出，蒸発による潜熱輸送量 ιE も放出である．H は（T_s-T）に比例し，ιE は（$q_{SAT}(T_s)-q$）に比例する．図 8.4 に示す特徴により，気温 T が高温のときは，T_s が気温 T よりわずか高温になるだけで（$q_{SAT}(T_s)-q$）が大きくなり ιE が放出される．そのときは（T_s-T）が小さいので H は小さく，主役は ιE となる．一方，低温のときは（$q_{SAT}(T_s)-q$）が小さいので ιE も小さくなる．そのぶん H が大きくならなければならない．そのた

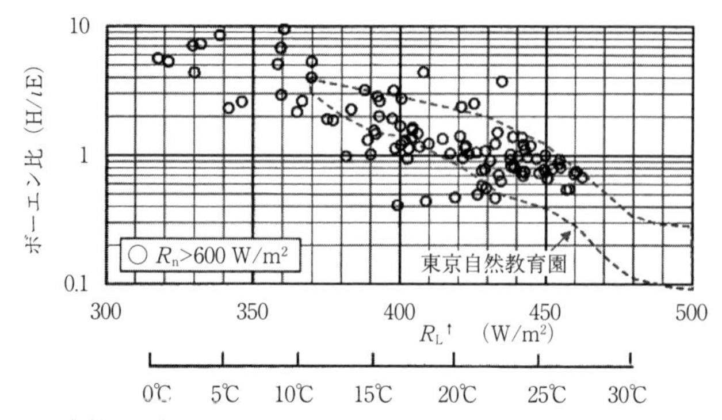

図 8.5　森林上で観測した暖候期の晴天日中（正味放射量 R_n ＞ 600 W/m²）のボーエン比と上向きの長波放射量 R_L↑の関係．R_L↑は上方から森林を見下ろしたときの平均温度に対応し，その等価黒体温度を横軸の最下段に示した（近藤ほか，2020）．破線で囲む範囲は東京の自然教育園におけるボーエン比の分布範囲である（近藤・菅原，2016）．

めには（T_s-T）が大きくなればよい．高温になるほど ιE が大きくなり，$H/\iota E$ が小さくなることを「ボーエン比の温度依存性」という．

図 8.5 は晴天日中の森林における関係である．縦軸はボーエン比，横座標の最下段は観測塔から下の樹木群を放射温度計で測った温度である．小丸印は富士北麓の標高 1100 m にあるカラマツ人工林における 2006 ～ 2012 年の観測である．樹齢は約 60 年，樹高は 20 ～ 25 m，優先種はカラマツ，群落構造はフジザクラ自生，林床植生は広葉植物，森林の葉面積指数 LAI＝2.4 ～ 2.8 m²/m² である（近藤ほか，2020）．やや高山であるため，日本の低標高にある標準林の葉面積指数 LAI＝6 に比べて小さい．ここで，LAI とは，葉の総面積が単位地表面積に占める割合を表わす．LAI＝1 は，すべての葉を広げたとき林床を完全に覆う場合である．

破線で囲む範囲は東京都港区白金台にある標高 27 m の自然教育園の森林における 2009 ～ 2015 年の観測結果である．平均的な樹高は 14 m，おもに高木スダジイ，亜高木ヤブツバキ，トウネズミモチ，およびコナラ（落葉樹）がある（近藤・菅原，2016）．晴天日中の 10 ～ 15 時の日照率＝100%，正味放射量 R_n ＞ 600 W/m² の条件を選んである．この図から，森林でもボーエン比は気温に大きく依存することがわかる．

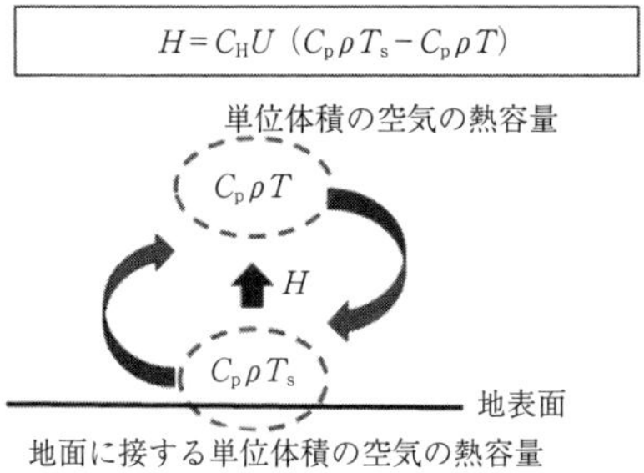

$$H = C_{\mathrm{H}}U\ (C_{\mathrm{p}}\rho T_{\mathrm{s}} - C_{\mathrm{p}}\rho T)$$

単位体積の空気の熱容量

$C_{\mathrm{p}}\rho T$

H

$C_{\mathrm{p}}\rho T_{\mathrm{s}}$

地表面

地面に接する単位体積の空気の熱容量

図 8.6　バルク式と交換速度を説明する模式図．図中の H を表わす式を書き直せば，式（8.5）となる．

飽和比湿と温度の関係――バルク式

熱収支式（8.2）を解くに際して顕熱輸送量 H と潜熱輸送量 ιE を表わす式が必要となる．H は地表面温度 T_{s} と気温 T の差に比例し，ιE は地表面温度に対する飽和比湿 $q_{\mathrm{S}} \equiv q_{\mathrm{SAT}}\ (T_{\mathrm{s}})$ と比湿 q の差に比例する．この関係を表わす式を「バルク式」という．このときの比例係数 $C_{\mathrm{H}}U$ は「交換速度」である．交換速度は気温と比湿を観測する高度 z，風速 U，大気安定度，および地表面の粗度の関数である．

H と ιE がなぜバルク式で表わされるか，図 8.6 の模式図によって説明しよう．地表面から大気への顕熱 H は風の乱流によって運ばれる．空気の定圧比熱を C_{p}，空気密度を ρ としたとき，「$C_{\mathrm{p}}\rho T_{\mathrm{s}}$」は地表面すれすれの場所の単位体積の空気がもつ熱量であり，「$C_{\mathrm{p}}\rho T$」は高度 z の空気がもつ熱量である．顕熱輸送は上下方向の空気塊の交換によって行なわれ，これら 2 つの空気塊が交換される速度が交換速度 $C_{\mathrm{H}}U$ である．交換速度は，正しくは，上下に交換される乱流の鉛直速度 w の平均的な値であり，w の平均的な値は風速 U と比例関係にある．その比例係数がバルク係数 C_{H} である．バルク係数は高度 z の関数であることは言うまでもないが，地表面の種類ごとに，また，大気安定度によって変わる．交換速度の具体的な値は近藤（2000）の表 5.1 に示されている．

蒸発（潜熱輸送量）は乱流による水蒸気量の上下方向の交換によるもので，顕熱輸送量と同様に，後掲のバルク式（8.6）で表わすことができる．

熱収支式を解いてみよう

入力放射量 $R^{\downarrow}$ と気温 T が与えられているとき，地表面温度 T_s，顕熱輸送量 H，潜熱輸送量 ιE，地中への伝導熱（貯熱量）G を求める解法を説明する．地表面の熱収支式（8.2）は次のように書き換えることができる．

$$R^{\downarrow}-\sigma T^4=(\sigma T_s^4-\sigma T^4)+H+\iota E+G \tag{8.3}$$

$$\fallingdotseq 4\sigma T^3\delta T+H+\iota E+G \tag{8.4}$$

ここで，左辺を「有効入力放射量」と呼ぶ．顕熱と潜熱の輸送量は次のバルク式で表わされる．

$$H=C_p\rho C_H U\delta T \tag{8.5}$$

$$\iota E=\iota\rho\beta C_H U(q_s-q) \tag{8.6}$$

$$\fallingdotseq \iota\rho\beta C_H U[q_{SAT}(1-rh)+\Delta\delta T] \tag{8.7}$$

ここで，蒸発効率 β は凝結の場合は1，蒸発の場合は0～1の値をとる．また，$\delta T=T_s-T$，rh（0~1）は相対湿度，$q_s=q_{SAT}$（T_s）は地表面温度 T_s に対する飽和比湿，$q_{SAT}=q_{SAT}$（T）は気温 T に対する飽和比湿，$\Delta=\mathrm{d}q_{SAT}/\mathrm{d}T$ である．

地中伝導熱 G も未知数として解く場合は G を表わす式を用いるが，ここでは簡単な例として $G=0$ の場合を考える（海流のある海面を除けば，湖面や陸面での年平均で $G\fallingdotseq 0$）．その場合は，（8.3）と（8.5）と（8.6）を逐次近似法で解く．一方，$|T_s-T|<3$℃と小さいときには式（8.5）と近似式（8.4）および（8.7）の3つの式は次のように解析的に解くことができる．

$$T_s-T=\frac{(\text{分子})}{4\sigma T^3+C_p\rho C_H U+\iota\rho\beta C_H U\Delta} \tag{8.8}$$

ここで，

$$(\text{分子})=(R^{\downarrow}-\sigma T^4)-\iota\rho\beta C_H U[q_{SAT}(1-rh)]$$

である．また，ボーエン比は式（8.5）と（8.7）より次のようになる．

$$H/\iota E = \frac{C_{\mathrm{p}}\delta T}{\iota\beta\ [q_{\mathrm{SAT}}(1-rh)+\Delta\delta T]} \tag{8.9}$$

一般に，ボーエン比は蒸発効率 β（$=0\sim1$）と交換速度 $k_{\mathrm{H}}=C_{\mathrm{H}}U$ と気温の関数（$\Delta=\mathrm{d}q_{\mathrm{SAT}}/\mathrm{d}T$ が気温の関数）となる（近藤，2000，表5.2）．

参考：有効入力放射量の中に G を含めて考える場合もある．一般には，熱収支式は逐次近似法で解く．その計算プログラムの例は近藤（2000）の付録Fに掲載してある．熱収支式の解析解は正確ではないが，式の形で表わされるので解の特徴を理解するのに役立つ．

特殊な場合（その1：湿度が飽和のとき）

空気の湿度が飽和 $rh=1$ のとき，$\gamma=C_{\mathrm{p}}/\iota$ と定義すれば，式（8.8）より，

$$T_{\mathrm{s}}-T=(R^{\downarrow}-\sigma T^{4})/(4\sigma T^{3}+C_{\mathrm{p}}\rho C_{\mathrm{H}}U+\iota\rho\beta C_{\mathrm{H}}U\Delta) \tag{8.10}$$

となる．また，式（8.7）より，

$$\iota E=\iota\rho\beta C_{\mathrm{H}}U\Delta(T_{\mathrm{s}}-T)$$

であるから式（8.5）と併せると，ボーエン比は次式で表わされる．

$$H/\iota E=C_{\mathrm{p}}/\iota\beta\Delta=\gamma/\Delta\beta \tag{8.11}$$

式（8.10）によれば，**（$T_{\mathrm{s}}-T$）は有効入力放射量（$R^{\downarrow}-\sigma T^{4}$）が正である限りプラスとなる**．降雨日でも日中は小さいながら（$R^{\downarrow}-\sigma T^{4}$）>0 である．

式（8.11）において，$T=-20$℃，0℃，20℃，40℃のとき，γ/Δ はそれぞれ5.93，1.47，0.453，0.164となり，温度が高くなるにしたがってボーエン比は急激に小さくなることがわかる．この特徴が図8.3（右）と図8.5に示されている．

湿度が飽和のときの例として，湯沸かしヤカンの中を想定してみよう．ヤカンの中で湯の温度と空気温度の差 δT は，高温のため測定できないほどの微小差の状態になり，加熱エネルギーのほとんどが蒸発の潜熱となる．ヤカンの出口では，水蒸気が冷気にふれて湯気となる．このときヤカンの中で獲得した潜熱が空気中に放出される．その湯気はしばらく上昇し，乾燥空気

中へ入ると周りから潜熱をもらって水蒸気となり肉眼では見えなくなり拡散していく．

湖水や河川水の温度が気温に比べて高いときの例として，**空気の湿度が飽和のときでも水面に熱エネルギーが供給されていれば水は蒸発し，水蒸気となって大気中へ拡散する**．この条件のとき，湖水や河川水の直上の薄層には霧はなく見通すことができるが，その上は低温になっているため水蒸気は潜熱を放出し水滴（霧）ができる．

特殊な場合（その 2：無風のとき）

式（8.3）において，完全な無風で顕熱輸送量 H と潜熱輸送量 ιE がともにゼロとなる極限の状態を想定すれば，

$$T_{\mathrm{RAD}} \equiv T_{\mathrm{s}} = \left(\frac{R^{\downarrow} - G}{\sigma}\right)^{\frac{1}{4}} \tag{8.12}$$

となる．T_{RAD} を放射平衡の地表面温度という．日中の例として，$T = 293.2$ K（＝20℃），$(R^{\downarrow} - \sigma T^4 - G) = 506$ W/m^2 とすれば，$T_{\mathrm{RAD}} = 357.4$ K＝84.2℃となる．これは地表面温度の上がりうる最高極限温度である．屋根に取り付けた太陽光温水器の水温に相当する．この場合の G は温水器からの熱のロスである．

また，晴天夜間の代表的な例として，$T = 283.2$ K（＝10℃），$(R^{\downarrow} - \sigma T^4 - G) = -80$ W/m^2 とすれば，$T_{\mathrm{RAD}} = 266.3$ K＝－6.9℃となる．

図 8.7 は逐次近似法による精密計算の例であり，晴天日中の $(R^{\downarrow} - \sigma T^4 - G) = 700$ W/m^2，気温 $T = 20$℃，相対湿度 $rh = 0.5$（＝50％）の場合である（Kondo and Watanabe, 1992；近藤，1994，の図 6.3）．$C_{\mathrm{H}}U = 0$ のとき縦軸の値 $(T_{\mathrm{s}} - T)$ は放射平衡のときの値となり，$H = \iota E = 0$ となる．$C_{\mathrm{H}}U$ が大きくなるにしたがって（風速が強くなるにしたがって），H はいったん増加し極大値に達したのち，減少しはじめる．一方，ιE は $C_{\mathrm{H}}U$ とともに増加する．

地上風速が 3～5 m/s のとき，裸地面，積雪面，草丈 0.1～1 m の草地，および森林の $C_{\mathrm{H}}U$ は 0.01～0.04 m/s の範囲にある（近藤，2000，表 5.1）．この範囲にあるとき，$\beta = 0$～0.2 の範囲では，H の $C_{\mathrm{H}}U$ 依存性（風速依存

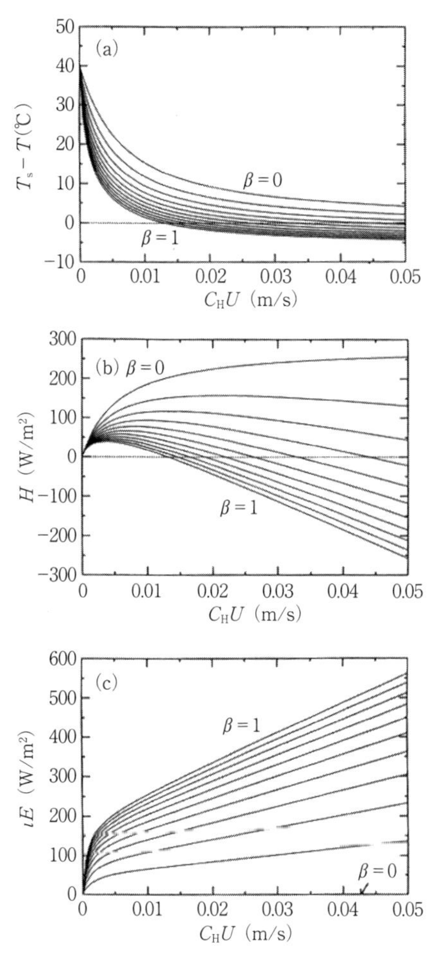

図 8.7　地表面と大気の温度差（$T_s - T$）(a)，顕熱輸送量 H (b)，潜熱輸送量 ιE (c) と交換速度 C_HU との関係．$(R^{\downarrow} - \sigma T^4 - G) = 700\ \mathrm{W/m^2}$，$T = 20$℃，$rh = 0.5$ のとき，蒸発効率 β を 0.1 きざみで 0 から 1 まで描いてある（Kondo and Watanabe, 1992）．

性）は弱くなることがわかる．また，ιE の C_HU 依存性は $C_HU < 0.005$ m/s では大きいが $C_HU = 0.005 \sim 0.04$ m/s の範囲では小さくなる．

なお，$C_HU = 0.03$ m/s（森林の平均的な状態）についての計算例は次の第 9 章で説明する．

参考：熱収支法

顕熱輸送量 H や潜熱輸送量 ιE（蒸発量 E）が交換速度 $C_{\mathrm{H}}U$（風速 U）に敏感でない特徴は重要である．つまり，H と ιE をバルク式（8.5）と（8.6）によって観測するとき，風速 U の観測に誤差があるときがある．たとえば，十和田湖では，湖岸の風速は湖の中央にある岩礁上の風速の 1/2 であり，どちらで測っても風速は湖を代表せず，H と ιE は正確には評価できない．一方，入力放射量 $R^{\downarrow}$ と G（湖の場合は水温の鉛直分布から求める貯熱量）も観測して熱収支式（8.3）から（$H+\iota E$）を求めることができる．そうして，H と ιE はボーエン比 $H/\iota E$（＝式(8.5)/式(8.6)）によって分配することができる．

葉面の蒸発（蒸散）効率とオアシス効果

蒸発効率 β は水面では 1，金属面などの乾いた表面では 0 であるが，植物の葉ではどうだろうか？　ここでは個葉（1 枚の葉）の上を風が吹くときの蒸発（蒸散）効率 β について考える．

図 8.8 は個葉の模式図である．このときの蒸発効率 β は次式で表わされる（近藤，2000，7.3 節）．

$$\beta \fallingdotseq 0.39\,\varepsilon^{\frac{3}{4}}\left(\frac{X}{\xi}\right)^{0.3} \tag{8.13}$$

ただし，ε は気孔の面積率（＝気孔の全面積/個葉の面積），X は個葉の大きさ（葉面上を風が吹く長さ），ξ は気孔開度（気孔面積の平方根，気孔を

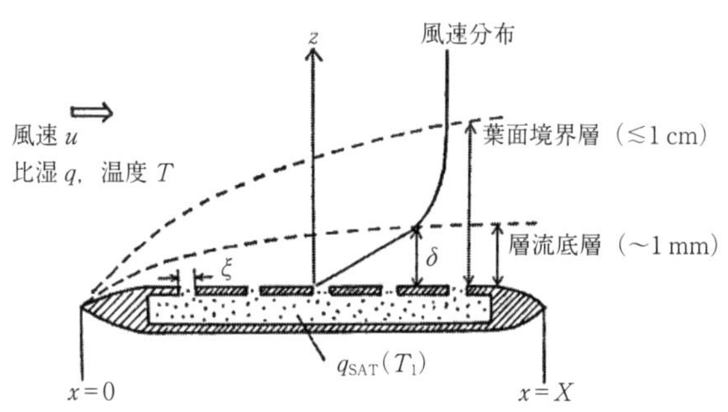

図 8.8　植物葉面からの蒸発量を計算するときの模式図（近藤，2000，図 7.8）．

風が横切る長さ）である．

$\beta=0$ は気孔が閉じて蒸散がないとき，$\beta=1$ は葉面のすべてが雨で濡れているときの状態である．多くの植物では，$\varepsilon=0.01$（$=1\%$）程度であり，$\xi=10\,\mu\mathrm{m}$（$=0.01\,\mathrm{mm}=10^{-5}\,\mathrm{m}$），$X=0.1\,\mathrm{m}$ とすれば，上式より $\beta=0.2$ となる．

$\beta=1$ の場合と $\beta=0.2$ の場合，蒸発の潜熱（葉面では蒸散の潜熱）ιE がいかほど違うか，精密計算の結果の図 8.7 の下図（c）から交換速度$=C_{\mathrm{H}}U=0.03\,\mathrm{m/s}$ のときを読み取ると次の値となる（葉面では $G=0$ と見なしてよい）．

$\beta=1$ のとき：$\iota E=416\,\mathrm{W/m^2}$

$\beta=0.2$ のとき：$\iota E=174\,\mathrm{W/m^2}$

つまり，上述のように気孔の面積率 ε がわずか 1%にもかかわらず，個葉からの蒸発（蒸散）量は全面が濡れている場合の 42%（$=174/416=0.42$）にも達する．

このような現象はオアシス効果，あるいは移流効果が関係している．オアシス効果は湿った部分と乾いた部分が混在しているとき全体の蒸発量が大きくなることである．都市に大きな森林が 1 つあるよりは，小さな森林（公園など）が散在しているほうが，都市全体の蒸散量が多くなり，夏の都市全体の都市化昇温量を抑えることができる．ただし，公園などは気孔のように微小スケールではなく中・小スケールであるので，オアシス効果は気孔のように顕著ではない．

むすび

湖の年蒸発量を示す図 8.3 によれば，北海道（年平均気温≒5℃）の約 450 mm/y に対して西日本（年平均気温≒15℃）ではおよそ 2 倍の約 900 mm/y である．式（8.3）の左辺に示す有効入力放射量は北海道の約 70 $\mathrm{W/m^2}$ に対し西日本ではおよそ 1.3 倍の約 90 $\mathrm{W/m^2}$ である．したがって，蒸発量の 2 倍の違いは主に気温に依存するボーエン比の違いの効果によるものと言える．

すでに本文中の「参考：熱収支法」で述べたように，バルク式（8.5）と（8.6）を用いる「バルク法」によって H と ιE を求めたい場合がある．その観測で，風速 U の観測値が対象域を代表していないとき H と ιE は誤差を含むことになる．そのような場合は「熱収支法」を用いれば，H と ιE の誤差は小さくなる．可能な場合は「バルク法」と「熱収支法」の両方で H と ιE を求め，両者を比較することによってよい成果を得ることができる．

本章では，有効入力放射量（$R^{\downarrow}-\sigma T^4$）が顕熱輸送量 H と潜熱輸送量 ιE へ配分される関係を学んだ．その際に必要なパラメータは交換速度 $C_H U$ と蒸発効率 β である．この結果を今後の研究に利用するとき，必要となる代表的な地表面の $C_H U$ の具体的な値は近藤（2000）の表5.1に，β の最大値の目安は表7.4にそれぞれ示してある．また，有限水面についての $C_H U$ は近藤（1994）の式（7.35）～（7.40）に示してある（水面は $\beta=1$ であり，$C_H U \fallingdotseq C_E U$ としてよい）．

参考文献

近藤純正（編著），1994：水環境の気象学――地表面の水収支・熱収支．朝倉書店，pp. 350.

近藤純正，2000：地表面に近い大気の科学――理解と応用．東京大学出版会，pp. 324.

近藤純正・菅原広史，2016：K123．東京都心部の森林（自然教育園）における熱収支解析．http://www.asahi-net.or.jp/~rk7j-kndu/kenkyu/ke123.html

近藤純正・三枝信子・高橋善幸，2020：K205．地球温暖化観測所の試験観測，富士北麓．http://www.asahi-net.or.jp/~rk7j-kndu/kenkyu/ke205.html

Kondo, J. and T. Watanabe, 1992: Studies on the bulk transfer coefficients over a vegetated surface with a multilayer energy budget model. *J. Atmos. Sci.*, **49**, 2183-2199.

9　森林の水収支・熱収支と林内の気温

地表面で蒸発（蒸発散）した水蒸気は上空へ運ばれ凝結し，雲になるときに潜熱を放出して大気を加熱する．雲は降水となって地上に戻る．この水の循環を通して熱エネルギーが地表面から上空へ運ばれたことになる．山に降った降水の一部は再び蒸発する．残りの水は位置のエネルギーをもち，河川を下り水力発電所があれば位置のエネルギーが運動のエネルギーとなり電気エネルギーに変換される．洪水時の流れの運動エネルギーが土砂を下流に運ぶ．これらエネルギーのもとは太陽エネルギーである．

降水量・蒸発散量・流出量の関係をみる

図 9.1 は岡山市の北東に位置する竜の口山森林理水試験地の北谷における 1937 ～ 2005 年までの 69 年間にわたる観測（谷・細田，2012）から得られた 1 年ごとの流域の降水量と（降水量－流出量）の関係である．流出量は試験地の流域から流出する水の量である．プロットの平均を表わす実線は流域の蒸発散量とみなしてよく，破線と実線の縦軸の差が流出量（流域の下流で利用可能な水資源量）の長期間平均値である．

ここでは平均的な状態（実線）を考えてみる．縦軸（＝降水量－流出量）の値は，横軸の降水量＜500 mm/y のときはほぼ破線と一致し流出量はほぼゼロであるが，降水量が多くなるにしたがって増加し，その気候によって決まる上限（ポテンシャル蒸発量，第 2 章）に近づく．前章で説明したように，蒸発散量はエネルギー保存則を表わす熱収支式（8.3）～（8.8）により，有効入力放射量（$R^{\downarrow} - \sigma T^4$）と蒸発効率 β と交換速度 $C_H U$ と気温 T と相対湿度 rh によって決まる．

注意：一部の研究分野では縦軸（＝降水量－流出量）を損失量と呼んでいる．流域の損失量＝（流域からの蒸発散量＋地中の貯水量）のことである．

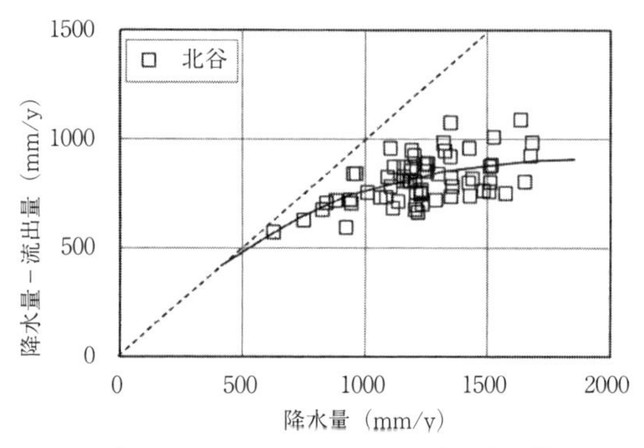

図 9.1　竜の口山試験地の北谷おける年ごとの降水量と（降水量－流出量）の関係　斜めの破線となめらかな実線の差が流出量（水資源量）となる.

損失量のうちの蒸発散量は地域の温度上昇を抑制すると同時に水蒸気が上空へ運ばれ，凝結し雲になるとき潜熱を放出して大気を加熱する．上空に運ばれた水蒸気とそして発生した雲は宇宙・地球間の放射収支で重要な働きをしている（第1章）．地中の貯水量も重要な働きをしている．大自然の営みからすれば，損失と呼ぶのは適当でないのかもしれない．それゆえ，本書では図 9.1 の縦軸は損失量とせずに観測に基づく値である「降水量－流出量」とした.

森林伐採・火災による蒸発散量の減少

竜の口山試験地には北谷のほか南谷がある．北谷と南谷の両流域では 1944 ～ 1947 年にアカマツ枯れのため樹木は伐採された．その後，南谷では 1959 年 9 月に山火事で植生は焼失し，翌年 1960 年にクロマツ植栽が行なわれた．1980 年にはクロマツ枯れがあったが，その後広葉樹が成長した．北谷でも，1947 年以後放置された結果，広葉樹が成長した．こうした森林の植生変化が蒸発散量にどのような影響を及ぼすかについて調べてみよう.

図 9.2 は南谷の各年の縦軸の値（＝降水量－流出量≒蒸発散量）から北谷のそれを差し引いた値の経年変化であり，南谷の蒸発散量が北谷よりも大きいときにプラスになるとみなすことができる．1940 年ころは両谷とも同じように成長したアカマツ林であり，2000 年代は両谷とも広葉樹林になった．そ

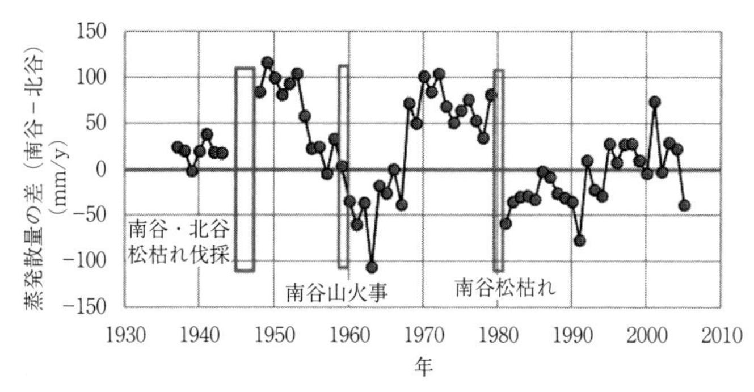

図 9.2　南谷と北谷の年蒸発散量の差（南谷－北谷）の経年変化（近藤，2016a）

のため，両谷の蒸発散量の差はゼロに近い．1959 年の南谷の山火事直前にも蒸発散量の差はほぼゼロであったが，山火事後に差がマイナスになり，南谷の蒸発散量の減少が生じた．しかし南谷の樹木が成長するにつれて差はプラスに転じ，蒸発散量が増加した．1980 年の南谷の松枯れで再び蒸発散量が減少したが，その後は差がゼロ前後で，両谷の蒸発散量はほぼ等しく 900 mm/y 前後になった．全期間を通して，植生の変化が蒸発散量に及ぼす影響は，蒸発散量の平均値＝900 mm/y，最大・最小の変化量＝±90 mm/y とすれば，変動幅は±10%（±90 mm/900 mm）となる．

蒸発散量の 10%の違いの役割について考えてみよう．世界平均の蒸発・蒸発散量は約 1000 mm/y であり，潜熱輸送量 ιE に換算すると 77.7 W/m^2 である．その 10%は 7.8 W/m^2 にあたる．この大きさは，通常の大気現象では無視できるが，第 1 章と第 2 章で述べたように長い時間をかけて変化する気候に対しては非常に大きな役割をもつ．

図 9.2 は，竜の口山試験地の森林の状態変化による蒸発散量の変化を調べたものである．近藤（2000）によれば，地被状態が森林，草地，畑地，水面，水田について，ポテンシャル蒸発量 E_p で無次元化した蒸発散量 E/E_p は 0.56～0.83 の範囲内で変化する．降水量を P_r とすると，たとえば $P_r/E_p=3$ のとき，森林では $E/E_p=0.82$，草地では $E/E_p=0.57$，したがって森林が草地になれば，E の変化は（0.82－0.57)/0.82＝0.30，すなわち蒸発散量は 30%の減少となる（近藤，2000，図 7.19）．なお，E_p は第 2 章で説明したように，標準面

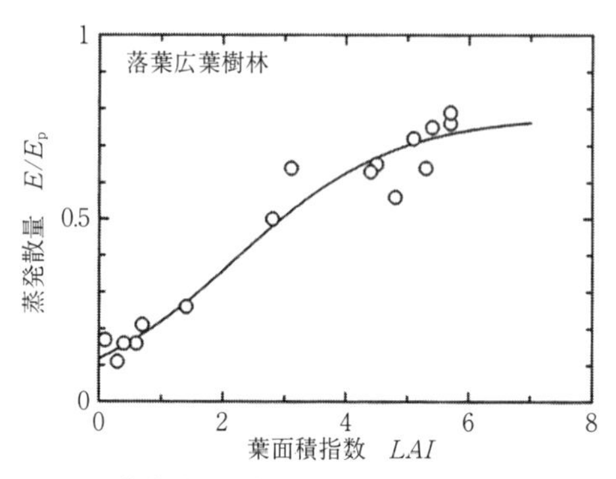

図 9.3　落葉広葉樹林における無次元蒸発散量と葉面積指数の関係（近藤，1998）．

からの蒸発量であり，地域の気候を表わす重要なパラメータである．

葉面積指数と蒸発散量

植生の変化が蒸発散量に影響することをもう少し小さなスケールで考えてみよう．図 9.3 は晴天が続いた 2 日または 10 日間単位の落葉広葉樹林における蒸発散量 E と葉面積指数 LAI の関係である．ただし，縦軸はポテンシャル蒸発量 E_p で無次元化してある．ここに，LAI とは，葉の総面積が単位地表面積に占める割合（m^2/m^2）を表わし，すべての葉を広げたとき林床を覆う割合である（第 8 章）．これは植物群落内の単位空間容積中に存在する葉の片面の面積について，地面から植物群落の最上端高度まで積分した値に等しい．

ところで，図 9.3 で $LAI=0$ となる落葉期（冬期）に $E/E_p=0.1$ 程度であるのは，林床からの蒸発および降雨時の濡れた樹幹からの蒸発によるものである．また，この図は同じ森林について LAI が異なるときに得られた関係であるが，蒸発散量はその他の森林の状態によって変わる．

熱収支量の季節変化・日変化

蒸発（蒸発散）を生じさせるエネルギーがどの程度なのか，そしてどこからくるのかを考えてみよう．図 9.4 は東京白金台にある自然教育園の森林（平均的な樹高は 14 m）において観測された，夏期の連続晴天日の高度 19 m に

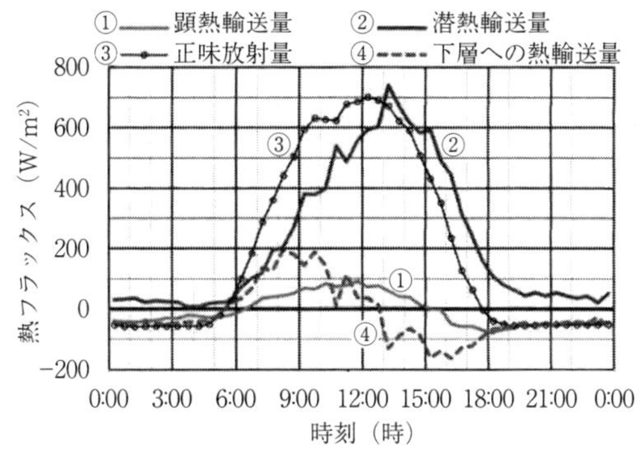

図 9.4　自然教育園の森林における熱収支量の日変化, 2015 年 8 月 1 ～ 7 日（連続晴天 7 日間平均）（近藤・菅原, 2016, 図 123.5）.

おける熱収支量の日変化である．高度 19 m における日平均気温が 30℃の高温日であり，日中の正味放射量 R_n の大部分が蒸散のための潜熱輸送量 ιE に使われている．この図は夏期で，葉面温度と気温差は 1℃程度であるので，有効入力放射量（$R^{\downarrow}-\sigma T^4$）は近似的に正味放射量（$R^{\downarrow}-R^{\uparrow}$）に等しい．ただし $R^{\uparrow}$ は上向き放射量である．ιE の位相が R_n に比べて 1 ～ 2 時間遅れるのは，午前中の林内の気温と樹体が低温のため，図中に破線④で示す「下層への熱輸送量」が生じるからである．実線①で示す「顕熱輸送量」は日中に正（上向き），夜間に負（下向き）となり，絶対値は小さく，日平均値も微小である．図示しないが，秋になると低温のため，ボーエン比の温度依存性により，潜熱輸送量（すなわち蒸発散量）は小さくなる．

図 9.5 は潜熱輸送量と顕熱輸送量の季節変化である．月ごとの値を示してあり，蒸散だけでなく雨天日の濡れた樹体からの蒸発量（遮断蒸発量）を含んでいる．自然教育園のプロット（観測）は 2009 ～ 2015 年の 7 年間平均である．ただし，上図の黒塗り丸印は埼玉県川越の落葉樹林での 1996 年の観測（渡辺, 2001）である．年間を通してみると，顕熱輸送量は小さく（高い標高の地点を除き，日本各地で 9 ± 8 W/m²），有効入力放射量（$R^{\downarrow}-\sigma T^4$）の約 90%が蒸発散の潜熱に使われていることになる（近藤ほか, 1992）.

図 9.6 は日本の 66 か所における有効入力放射量の緯度分布である．ただし横軸は気象庁の各気象観測所の緯度の指標となる年平均気温で表わしてある．

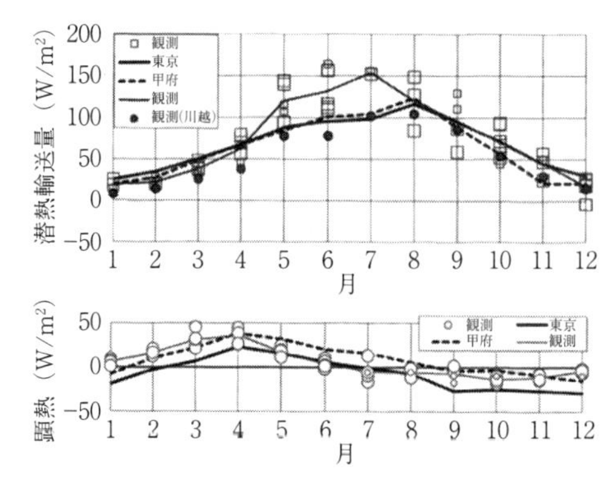

図 9.5　森林における潜熱輸送量（上）と顕熱輸送量（下）の季節変化.

上図の四角印・細実線と下図の丸印・細実線は自然教育園における観測値，濃い黒実線（東京地域）と濃い黒破線（甲府地域）はモデル森林に対する熱収支計算値（1986 ～ 1990 年の平均）（近藤・菅原，2016a，図 123.1）

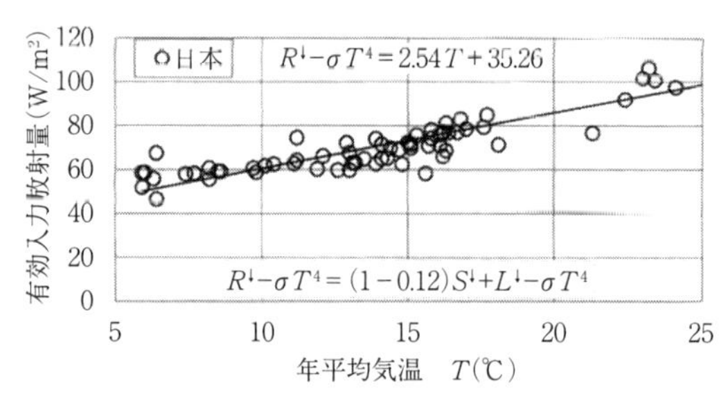

図 9.6　日本各地 66 か所の有効入力放射量（$R^{\downarrow}-\sigma T^4$）と年平均気温 T を指標とした緯度方向の分布，森林のアルベド＝0.12 のとき（近藤・桑形，1992）.

有効入力放射量は，地表面温度を上昇させて，顕熱・潜熱の放出量となるエネルギー源であり，年平均気温 23 ～ 25℃の高温地域（低緯度）では 100 W/m^2 なのに対し，5 ～ 7℃の低温地域（高緯度）では半分の 50 W/m^2 である.

図 9.6 にプロットされた範囲では，日本平均としての有効入力放射量は 70 W/m^2 である．その約 90%（60 W/m^2）が蒸発散のエネルギーになるので，日本の標準的な平地の森林からの年蒸発散量は概略 770 mm/y となる（ιE＝100 W/m^2 は蒸発量 3.53 mm/d＝1287 mm/y に相当する）．しかし，森林は高地にもあり，たとえば標高 1100 m の富士北麓に設置されている国立環境研究所の観測塔における観測では蒸発散量は 631 mm/y（潜熱輸送量＝49 W/m^2）である（近藤ほか，2020）.

図 9.7 は日本の平地の森林 66 か所の年平均気温と蒸発散量，および年平均気温と蒸散量の関係である．図中の下方のプロットは蒸散量，上方のプロッ

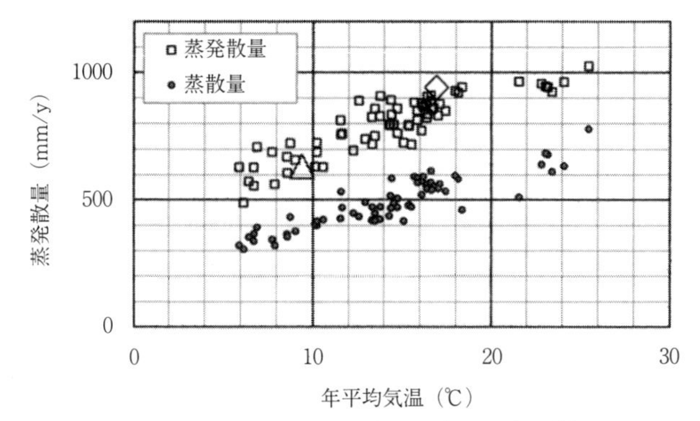

図 9.7　日本各地の森林 66 か所の年平均気温と蒸発散量の関係，近藤ほか（1992）の数値表から作成．大きい菱形は東京の自然教育園（近藤・菅原，2016），大きい三角印は富士北麓の観測値（近藤ほか，2020）．

トは雨天日の濡れた樹体からの蒸発量（遮断蒸発量）を含む蒸発散量（＝蒸散量＋遮断蒸発量）である．大きい菱形は東京の自然教育園における観測値（近藤・菅原，2016），大きい三角印は標高 1100 m の富士北麓における観測値である（近藤ほか，2020）．蒸発散量および蒸散量は年平均気温と高い相関関係にあることがわかる．

注意：図 9.7 に示されているように，蒸発散量と気温の関係，および蒸散量と気温の関係は高い相関関係にあるが，これは日本の森林での関係であり，他の地域には必ずしも適用できるわけではない．日本の選んだ 66 地点については，図 9.6 に示したように，有効入力放射量（$R^{\downarrow} - \sigma T^4$）と年平均気温が高い相関関係にあること，および風速は極端に強い地点や弱い地点がないために，交換速度 $C_H U$ が地点によって大きく違わないという 2 つの理由により，図 9.7 の関係ができたのである．なお，自然教育園と富士北麓の観測値を除く 66 地点のプロットは熱収支計算から求めた蒸散量と蒸発散量である．その計算では，バルク係数は $C_H = 0.01$ とし，1986 ～ 1990 年の 5 年間の日々の気温，湿度，風速，降水量は 66 気象観測所の観測値を用いた（近藤ほか，1992）．

潜熱輸送量を理論的に考える

気温 T と有効入力放射量（$R^{\downarrow}-\sigma T^4$）と相対湿度 rh が異なる場合の潜熱輸送量 ιE がどのように変化するかについて検討する．ここでは，晴天日中の森林の平均的な条件として風速＝3～6 m/s を想定し，交換速度 $C_{\mathrm{H}}U$＝0.03 m/s，蒸発効率 $\beta=0.3$，（$R^{\downarrow}-\sigma T^4$）＝180～720 W/m^2，相対湿度 rh は 0.3 と 0.6（30％と 60％），気温 T＝0～35℃の範囲について潜熱輸送量を計算する．$\beta=0.3$ は十分な着葉と高温のときの代表値，$C_{\mathrm{H}}U$＝0.03 m/s は高度 35 m の風速が 3～6 m/s のときの値である（近藤・菅原，2016，図 123.12）．理解を容易にするために，地中伝導熱 $G=0$ とする．これらの条件は気候変化が起きたときの蒸発散量の理解にも役立つ．前章で示した熱収支式（8.3)～(8.7）で $G=0$ とすれば，次のようになる．

$$R^{\downarrow}-\sigma T^4=(\sigma T_{\mathrm{s}}^4-\sigma T^4)+H+\iota E \tag{9.1}$$

$$\fallingdotseq 4\sigma T^3\delta T+H+\iota E \tag{9.2}$$

$$H=C_{\mathrm{p}}\rho C_{\mathrm{H}}U\delta T \tag{9.3}$$

$$\iota E\fallingdotseq \iota\rho\beta C_{\mathrm{H}}U[q_{\mathrm{SAT}}(1-rh)+\Delta\delta T] \tag{9.4}$$

ここに，H は顕熱輸送量，$\delta T=T_{\mathrm{s}}-T$，$T_{\mathrm{s}}$ は地表面温度（植生の群落上部の温度），ι は水の気化の潜熱，ρ は空気密度，q_{SAT} は気温 T に対する飽和比湿，$\Delta=\mathrm{d}q_{\mathrm{SAT}}/\mathrm{d}T$ である．

図 9.8（上）と（下）は，それぞれ rh が 0.3 と 0.6 の場合の潜熱輸送量 ιE と気温 T の関係，有効入力放射量（$R^{\downarrow}-\sigma T^4$）をパラメータとして表わした．

注意：ここでは地表面温度 T_{s} と顕熱輸送量 H は図示していないが，縦軸の ιE が有効入力放射量に等しくなるのは，$\delta T=T_{\mathrm{s}}-T=0$，$H=0$ のときである．また，ιE が有効入力放射量より大きくなるのは，$\delta T<0$ で $H<0$ のときである．つまり，このときの潜熱輸送量は，有効入力放射量と大気から地表面（植生面）に入る顕熱輸送量 H によって生じる．なお，式（9.2）の右辺第 1 項は，δT＝1℃のとき次の値となる．

$$4\sigma T^3\delta T=5.2\ \mathrm{W/m^2}\qquad(\delta T=1℃,\ T=10℃)$$

$$= 5.7\ \mathrm{W/m^2} \qquad (\delta T = 1℃,\ T = 20℃)$$

$$= 6.3\ \mathrm{W/m^2} \qquad (\delta T = 1℃,\ T = 30℃)$$

図 9.8 から次のことがわかる.

(1) 気温が高くなるほど潜熱輸送量は急激に大きくなる. これは前章で説明したボーエン比の温度依存性によるものである.

(2) δT $(= T_s - T)$ は近似的に有効入力放射量に比例するので, 顕熱輸送量は有効入力放射量にほぼ比例する. また, 近似式 (9.4) に示すように, 潜熱輸送量は $(1 - rh)$ にほぼ比例する.

(3) (1)と(2)により, 都市では都市化による温暖化・乾燥化が蒸発散量を増加させる働きをもつことになる.

東京における 1880 年前後と 2010 年前後の気温と相対湿度を比較すると, 年平均気温は 13.7℃から 16.7℃に 3℃ほど上昇し, 年平均相対湿度は 77%から 60%に 17%も低下している (第 3 章). このような都市化昇温と乾燥化に

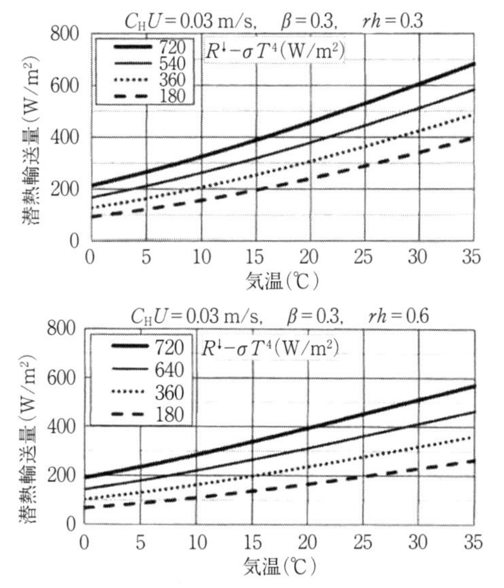

図 9.8　気温と潜熱輸送量の関係. 交換速度 C_HU = 0.03 m/s とし, 有効入力放射量 $(R^{\downarrow} - \sigma T^4)$ をパラメータとして表わした. 上図 : 相対湿度 $rh = 0.3$, 下図 : $rh = 0.6$ (近藤, 2016b, 図 124.16 ～ 17).

より緑地での蒸発散量は増加し，緑地以外でも蒸発効率 $\beta>0$ の所では蒸発量が増加する．その結果，降水量に大きな変化がなければ，流出量＝(降水量－蒸発散量）が少なくなる．ここで，流出量は地下水量・湧水量・河川流量である．

明治神宮の森の中に加藤清正が江戸時代に掘ったと伝えられる湧き水「清正井」は 2017 年に涸れたことがある．また，調布市の深大寺の延命観音前の湧き水も 2021 年に涸れたことがある．深大寺の湧き水の水源は段丘の上にある神代植物公園に降る降水である．東京都内の多くの湧き水は，これら 2 例と同様に，都市化による気候変化にともない水量が減少し涸れることが多くなる可能性がある．現実には，湧き水の水源域の流路変更の工事など，温暖化・乾燥化以外の原因によっても水量は変化する．つまり，気候変化による影響と地被状態の変化による影響の兼ね合いによって湧き水量が増加または減少する場合がある．湧水温度の上昇・下降についても同様であり，第 11 章で取り上げる．

参考：$r_a=1/C_HU$ を抵抗と定義し，熱輸送量を電流に置き換えれば，並列抵抗や直列抵抗と同じ式で計算することができる．本章では交換速度 C_HU を用いて説明した．交換速度は風速とともに大きく，また小物体ほど大きくなる（近藤，2000，表 5.1）．

日射の透過率や見通しと林内の気温

森林は水循環で重要な役割を果たし，地球の気候変化と相互関係をもつ．一方，都市の公園は人々に憩いの場を提供している．ここでは都市の公園（林内）の気温について考えることにしよう．

図 9.9 は東京白金台にある自然教育園の森林（平均的な樹高は 14 m）において夏期に観測された気温の鉛直分布である．十分に着葉した季節であり，林床上の気温は 1 日を通じてもっとも低温であり，日中の樹冠層（高度 10～16 m 付近）でもっとも高温になる．樹冠面から上の気温鉛直分布は，草地や裸地面上の気温分布に似ており，日中は下層ほど高温，夜間は下層ほど低温である．林内下層の林床上の日平均気温は，草地や裸地面上に比べて低温である．これは，十分に着葉した季節，葉面積指数が大きい森林の特徴である．

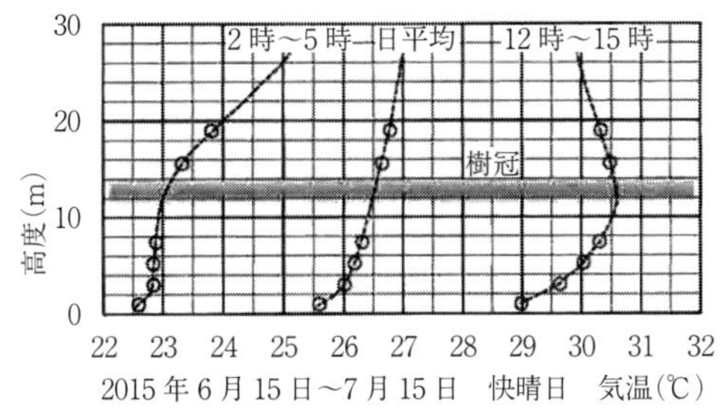

図 9.9　自然教育園の観測塔における晴天日の気温の鉛直分布（近藤ほか，2017b）．

林内の気温は林内に入る日射量（樹冠の透過率に依存）と林内の風通しによって変わる．その関係は図 9.10 に示されている．縦軸は広い芝地上の気温を基準とした気温差である．東京都内の森林公園内には，風通しのよい広い芝地もあり，その芝地上の気温を基準としている．広い芝地上の気温は地域を代表する気温である．

図 9.10 では見通しのよい林（破線）と見通しの悪い林（実線）を区別してある．大雨後の晴天日や湧水のある湿潤な森林内は低温である．その理由は，林床の土壌水分が多くなると熱慣性（「熱伝導率×比熱×密度」の平方根）が大きくなり，晴天日中でも林内の地中温度と気温の上昇が緩慢となり林外の広い芝地の気温と比べて 2 ～ 4℃の低温となるからである．なお，熱慣性が大きくなると温度の時間変化が緩慢になることは第 4 章の図 4.2 で示した．

林内には，木漏れ日が広がり，林床に達する日射量は同じ林内でも少し離れるだけで大きく異なる．それゆえ，図 9.10 の横軸の日射の透過率はごく狭い地点の値ではなく，面積 30 m×30 m 範囲の透過率の平均値をとっている．透過率は，簡易日射計を水平にして，左右に振りながら記録し，空間平均を求めた（近藤・内藤，2015）．

なお，図 9.10 の透過率＞20％の範囲については，見通し不良の林内の気温は見通し良好に比べて 0.3 ～ 1.0℃の高温である．さらに，見通し不良の林内では風通りも不良のため，体感温度では 0.3 ～ 1.0℃の気温差以上の高温となる．一般に言われている「夏の晴天日中の林内は涼しい」は正しくない．

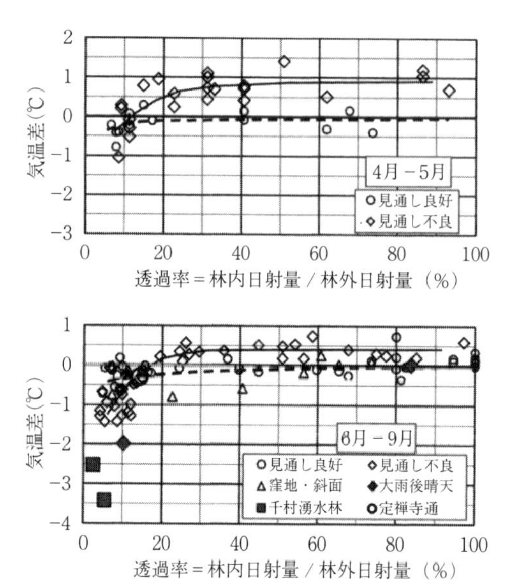

図 9.10　晴天日中の林内における日射の透過率と気温差（広い芝地を基準）の関係，上：4～5月，下：6～9月（近藤ほか，2017a）．小さい丸印と破線：見通し良好林，小さい菱形印と実線：見通し不良林．下図の黒塗り菱形印は大雨後の晴天日，黒塗り四角印は湿った湧水のある林内を示す．

林内の見通し（良好林と不良林）

目の高さ（≒気温観測の地上高＝1.5 m）で林内を水平に見たときの見通しの良し悪しによって，「見通し良好」と「見通し不良」の2つに大別される．全方位360度の50％以上の範囲の見通しが，おおむね30～50 m以下の場合を「見通し不良」，おおよそ50 m以上あるいは100 mの遠方まで見える場合を「見通し良好」とする．「見通し良好」では，樹木の根元から高さ2～3 mまでは視界を遮る枝はなく，目の高さには太い幹のみがあり，遠方まで見通しがきく．「見通し不良」では，高木の中に低木があり，高度2～3 m以下に下枝・背丈の高い下草もある．東京の代々木公園には「見通し良好」が多いが，明治神宮の森は自然林に近く，「見通し不良」が多い．見通しの良否は林内の風通し，つまり林内の風速の強弱を表わすパラメータとなる．

ここで得られた結果の応用として，市民の憩いの場としての公園は，林床面から高さ2～3m以下の枝を切り落とし，風通しをよくすることで防犯対策にも役立つ．林内に池をつくればその周辺は低温になるが，その場合は蚊など害虫の発生が心配である．

むすび

猛暑の夏の森林公園において，見通しの良否による気温の差1℃は体感温度にすればより大きな差になるということである．風が吹き抜ける「見通し良好」の木陰では，「見通し不良」の森林に比べれば体感温度は数℃も低く，快適である．実際に，東京都心部で最高気温が35℃の晴天日に北の丸公園の見通し良好な木陰で過ごして，このことを確認した．

第3章でも示したように，2014年12月2日以後の東京都心部の気温の観測露場は北の丸公園の風通しの悪い所に設置されている．そのため，特に春～夏の期間には晴天日中の気温は大手町などビル街の気温より高温になる．

参考文献

近藤純正，1987：身近な気象の科学――熱エネルギーの流れ．東京大学出版会，pp. 208.

近藤純正（編著），1994：水環境の気象学――地表面の水収支・熱収支．朝倉書店，pp. 350.

近藤純正，1998：種々の植生地における蒸発散量と降水量および葉面積指数への依存性．水文・水資源学会誌，**7**，679-693.

近藤純正，2000：地表面に近い大気の科学――理解と応用．東京大学出版会，pp. 324.

近藤純正，2016a：K129．地球温暖化・乾燥化と森林蒸発散量．http://www.asahi-net.or.jp/~rk7j-kndu/kenkyu/ke129.html

近藤純正，2016b：K124．各種地表面の蒸発量と熱収支特性．http://www.asahi-net.or.jp/~rk7j-kndu/kenkyu/ke124.html

近藤純正・桑形恒男，1992：日本の水文気象（1）――放射量と水面蒸発．水文・水資源学会誌，**5**(2)，13-27.

近藤純正・内藤玄一，2015：K113．林内の日射量と木漏れ日率の測定．http://www.asahi-net.or.jp/~rk7j-kndu/kenkyu/ke113.html

近藤純正・菅原広史，2016：K123．東京都心部の森林（自然教育園）における熱収支解析．http://www.asahi-net.or.jp/~rk7j-kndu/kenkyu/ke123.html

近藤純正・角谷清隆・近藤昌子，2017a：K157．日だまり効果，アーケード街と並木道の気温（まとめ）．http://www.asahi-net.or.jp/~rk7j-kndu/kenkyu/ke157.html

近藤純正・菅原広史・内藤玄一，2017b：K141．自然教育園の林内気温の特徴．
http://www.asahi-net.or.jp/~rk7j-kndu/kenkyu/ke141.html
近藤純正・中園信・渡辺力・桑形恒男，1992：日本の水文気象（3）――森林における蒸発散量．水文・水資源学会誌，**5**(4)，8-18.
近藤純正・三枝信子・高橋善幸，2020：K205．地球温暖化観測所の試験観測，富士北麓．
http://www.asahi-net.or.jp/~rk7j-kndu/kenkyu/ke205.html
谷誠・細田育広，2012：長期にわたる森林放置と植生変化が年蒸発散量に及ぼす影響．水文・水資源学会誌，**25**，71-88.
渡辺力：2001：落葉樹林への適用例，地表面フラックスの測定法．気象研究ノート，No. 199，177-182.

10　砂時計に学ぶ砂漠の気候

1987年のこと，仙台市民の小野恒夫さんから，時の流れを語るシンボルとして大型砂時計を作りたいという提案があった．そこで，ガラス工場で3リットルのフラスコ2個の口を互いに向き合わせ，その間へくびれの「オリフィス」（砂の流れる小穴の管）を結合して8時間計を試作した．元のフラスコは球に近い形に加工し，底には直径3 cmの砂口をつくり，砂の入れ替えができるようにして，ゴム栓をつけた．8時間計の試験が終われば，24時間計，1週間計，1か月計，1年計へと進む計画を立てた．そうしているとき，1989年7月29日から80日間にわたる「花と緑の祭典」（全国都市緑化仙台フェア）が仙台市で開催されることを知り，この祭典に80日間砂時計として参加することになった（近藤，1989）．結果として80日間砂時計は誤差0.043%｛=50分/(60分×24時間×80日)｝で成功し，役目を果たした．世界にはコンピュータ仕掛けの大型の砂時計がいくつかあるが，この80日間砂時計は通常の自然落下方式である．正確なコンピュータ仕掛けの砂時計と，不正確だが自然のふしぎを見せる自然落下方式の砂時計，どちらを選ぶかは各自の価値観による．

砂時計の中の気象

8時間計に続いて24時間計の試験を始めると，面白いことが次々と見えるようになり，砂時計はまるで生き物のようであった（図10.1）．砂時計の動き始めにはオリフィスを流下する砂の落下速度は速いが，しばらくすると下のガラス球の気圧が上のガラス球に比べて高くなり落下速度は遅くなる．心を込めて下のガラス球に手を当てながら「止まれ！」と願えば砂時計は止まる．砂の流れ（落下速度）はオリフィスを上向きに昇る空気流（風速）とのバランスで決まる．気象学でいう気圧と温度と風速の関係が砂時計の中に

図 10.1　24 時間砂時計（高さは 90 cm）.

ある．すなわち、砂時計の動き始めは、上・下のガラス球の気圧は同じでありオリフィスを流れる風はなく、風速＝0である。時間が少し経過すると、下のガラス球内の空気の容積は落下した砂の容積のぶんだけ減少し気圧が高くなるのに対して、上のガラス球内は逆に気圧が低くなる。そのため、オリフィスを下から上に風が吹く。この上向きの風によって砂の落下速度は遅くなるのである。また，下のガラス球に手を当てて熱を加えると下のガラス球の気圧が急に上がり，オリフィスを上向きに流れる空気流が大きくなり砂の落下を止めたのである（近藤，2011）.

また砂漠の気候も肉眼で見えた．砂時計が動き始めると，上のガラス球の中の砂にすり鉢状のくぼみができ，砂は崩れながら美しい造形を作る．それを写真に撮るために，部屋を暗くしてカメラの反対側から照明のライトをしばらく点灯しておくと（すなわち，日中になれば），ガラス球の内壁が曇った（砂から蒸発した水分が上空で凝結し雲ができた）．逆にライトを消すと（すなわち，夜間になれば）曇り（雲）は消えた（上空の雲は消えて砂の中へ戻った）．これこそが砂漠の日中・夜間の蒸発・凝結の過程である（近藤，

2006).

その当時，中国の乾燥域における蒸発など水収支の研究プロジェクトが計画された．しかし，湿潤地域の先進国で開発された従来の蒸発量の評価方法は乾燥地域に利用できないと考えたので，筆者はそれに参加せずに砂漠など乾燥地域にも利用する方法を見いだすための基礎研究を開始した．同時に，森林の水収支・熱収支の研究の一環として，雨で濡れた森林の枝葉，幹からの蒸発量を正しく評価する研究も行なっていた．

畑地の乾燥を砂で防ぐ

図 10.2 は降雨中から降雨後にかけての濡れた樹木の幹からの蒸発量を測る実験を示したものである．宅地造成地からもらってきた松の幹を濡らして風洞の中に入れた．幹の断面は防水塗装してある．図に示す丸印付きの線は風速が 1 m/s の場合の重量変化である．0 ～ 18 時間までの重量は直線的に減少し，つまり蒸発速度はほぼ一定であるが，24 時間を過ぎると蒸発速度はしだいに小さくなっていく．一方，風速を 3 m/s にした同様の実験では重量の減少速度は大きくなった．実験開始から数時間後までは，蒸発速度は風速 1 m/s のときの約 3 倍である．しかし，その後は実線(a)にはならず，意外にも破線(b)のようになった．

すなわち，松の幹の場合，表面近くが乾いてくると蒸発速度は風速と無関係になるということである（幹内部の水蒸気の流れに対する抵抗が大気中の抵抗に比べてきわめて大きい）．これこそが砂漠の蒸発の特徴であり，厚物衣類などの乾燥も同じである．これをモデル化して中国の砂漠など裸地の水収支・熱収支，そして水循環の研究に活用することになる．

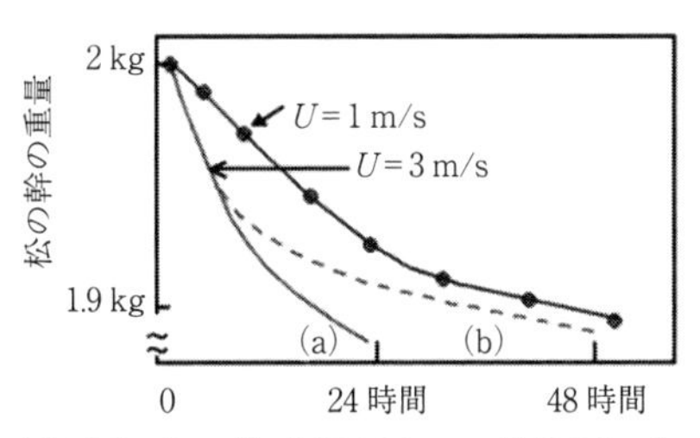

図 10.2　松の幹（直径 0.1 m，長さ 0.3 m）の重量の時間変化（近藤，2006，図 17.6）

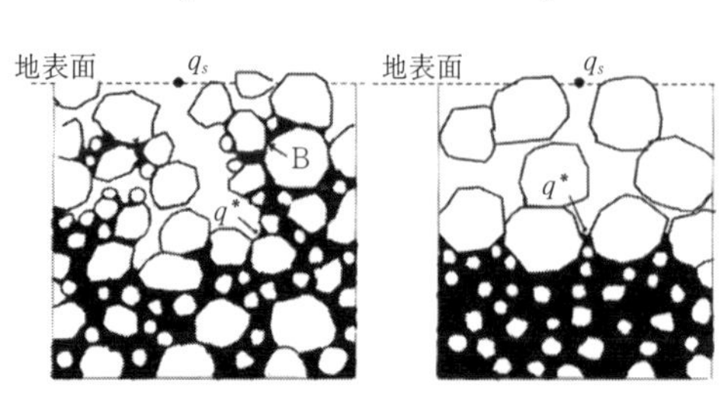

図 10.3　土壌内の液体水分布の模式図.（左）大小の粒子が混在した通常の土壌，B は下の水とつながった毛管水，（右）大粒子は上に，小粒子は下に分離したとき．黒部分は液体水，$q^* = q_{\mathrm{SAT}}$（T_{s}），q は空気中の比湿，q_{s} は地表面の比湿（近藤，2000，図 8.9）.

図 10.3 は土壌の表面付近が乾燥したときの土壌内の液体水の分布を模式的に示したものである．左図は表層の 10 mm ほどの厚さが乾燥した状態で，その下にのみ液体水が残っている．液体水の表面の $q^* = q_{\mathrm{SAT}}$（T_{s}）は土壌表層の温度 T_{s} に対する飽和比湿であり，液体水の表面で気化した水蒸気は大粒子の間を分子拡散によって上昇し，地表面まで達する．その上の大気中では水蒸気は風の乱流によって上空へ運ばれていく．右図は土壌の上半分に大粒子，下に小粒子を分離したものである．大粒子とは，毛管力で液体水が土壌粒子の間隙を上昇できない程度の大きさである．乾燥地域の農家が畑地の乾燥を防ぐ方法の原理を示したものであり，作物の根の周辺を小石などで覆うことが昔から行なわれてきた.

水蒸気の流れは電流に置き換えて考えると理解しやすい．その場合，土壌内に含まれる液体水の表面（蒸発面）と地表面の間の抵抗を r_{s}，地表面から大気中の観測高度までの間の抵抗を r_{a} とする．水蒸気が流れやすい空気中の抵抗 r_{a} は小さいが，土壌が乾燥するほど蒸発面と地表面の距離は長くなるため土壌間隙内の抵抗 r_{s} は大きくなる.

図 10.4 に示すように，土壌内の蒸発面（黒丸印）から大気中の観測高度（白丸印）まで水蒸気（電流に対応）が流れるとき，全抵抗 $= r_{\mathrm{s}} + r_{\mathrm{a}}$ である．土壌が乾燥してくると r_{a} は r_{s} に比べて無視してよく全抵抗 $\fallingdotseq r_{\mathrm{s}}$ とみなせる．つまり，水蒸気の流れ（蒸発量）は r_{a}（大気中の風速）と無関係になる.

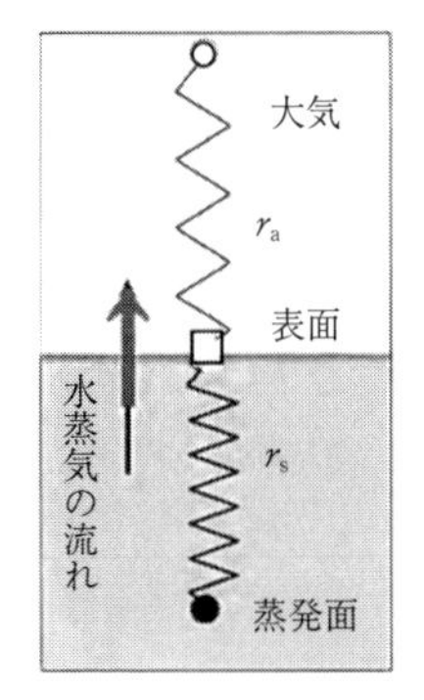

図 10.4　土壌内から大気への水蒸気の流れを抵抗表示式で表わすときの r_s と r_a（近藤，2006，図 17.7）

第 8 章の図 8.4 で説明したように，空気は高温になるほど水蒸気を多く含みうる（飽和水蒸気圧または，飽和比湿は高温ほど大きい）．しかし，土壌は逆であり高温ほど含みうる水分量が少なくなる．また，土壌を長時間にわたり水蒸気の多い場所に置くと，土壌内部の含水量は多くなる．このような土壌の特徴は，クッキーや砂糖，塩などの多くの身近な物質にも見られる．

クイズ

図 10.5 に示すように，A 砂漠と B 砂漠があり，雨はしばらく降っていない．A は風上に海があり，常時湿った風が吹いているが，B は常時乾燥した風が吹いている．大気中の湿度以外の気温や日射量などの気象条件は同じとする．日中の蒸発量が多い砂漠はどちらか？　その理由を考えよ．

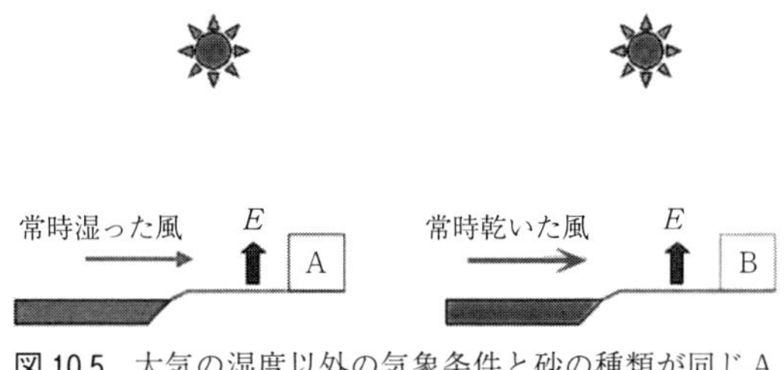

図 10.5　大気の湿度以外の気象条件と砂の種類が同じ A 砂漠と B 砂漠の模式図，E は蒸発量（近藤，2006，図 17.9）

答えはA砂漠である（近藤，2006）．

理由は次の通りである．乾燥した砂内の水分量は，大気中の水分量と平衡状態になろうとする．常時湿った風が吹いているA砂漠の砂はB砂漠の砂に比べて多くの水分を含んでいる．したがって，A砂漠のほうが夜間の凝結量も日中の蒸発量もともに多くなる．長期間にわたり降雨ゼロが続く砂漠におけるこの夜間の凝結量・日中の蒸発量は砂の温度と大気の温度と湿度のみで決まり，風速にはほとんど無関係である．

裸地面（砂漠など）蒸発をモデル化する

それまで湿潤地域の先進国で開発された方法によれば，蒸発速度は風速が強くなるほど大きくなる，というものであった．この従来の方式は乾燥地域の砂漠など裸地には応用できないことがわかった．

そこで，今回わかった内容を取り入れて水収支・熱収支量の時間変化，および年変化を計算するモデルを作成し，中国への応用の前に，試験を行なった．試験では，直径30 cmの皿に深さ10 cmまたは13 cmの土壌を入れた容器の重量変化を1時間ごとに測り蒸発量を求めた．土壌温度は深さ5点で測定，土壌水分量は深さ7点についてオーブン乾燥による重量変化から直接的な方法で求めた．モデル計算では，抵抗表示式ではなく，バルク係数C_Hを用いた（後述）．その理由は，試験装置が有限の大きさであり，バルク係数がレイノルズ数の関数で表わされ，便利なためである（Kondo *et al.*, 1992）．

図10.6は降雨後土壌が十分に湿った状態から晴天が続いたときの潜熱輸送量の時間変化である．縦軸の潜熱輸送量100 W/m^{2}は蒸発速度3.53 mm/dに相当する．左図は初日の1989年5月30日から6月5日までの7日間の変化である．日付の目盛の位置は各日の正午12時である．計算値（実線）と観測値（黒点）はほぼ一致している．計算では土壌内の水分量（体積含水率＝液相の体積/土壌の体積）の鉛直分布も同時に求めており，これも観測値とよく一致している（図は省略）．なお，土壌内の間隙がすべて水で満たされたときを飽和体積含水率（飽和容水量）という．

図10.6の右図は初期条件から150日後までの潜熱輸送量の日平均値である．地上の風速が4，8，16 m/sの場合の計算結果であり，横軸の日数は対数目盛で表わしてある．図中に矢印で示す50日以後の潜熱輸送量，つまり蒸発

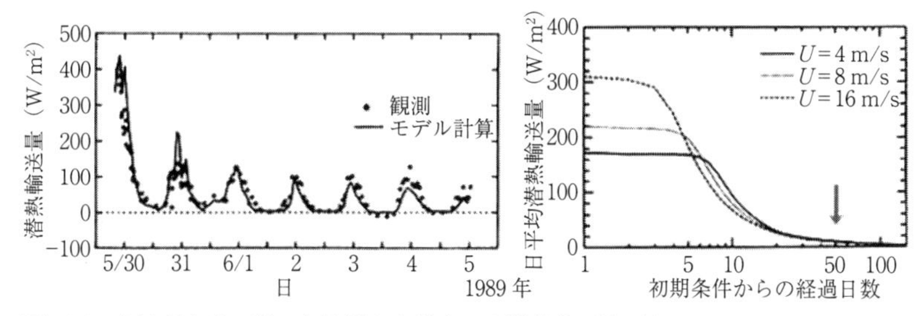

図 10.6　土壌が十分に湿った状態から始まった潜熱輸送量（すなわち，土壌面蒸発量）の時間変化.（左）初日から 7 日間の計算結果と観測結果，（右）風速が 4，8，16 m/s の場合の 150 日間の計算結果（Kondo *et al.*, 1992）.

量は風速と無関係になる．これは，降雨日の少ない砂漠の状態であり，日中は蒸発し（正の潜熱輸送量），夜間は大気中の水蒸気が土壌表層で凝結し液体水となること（負の潜熱輸送量）を示している（右図の縦軸を拡大した図は省略）.

裸地面蒸発モデルを使ってみる

土壌モデルの適合性が上記の試験によって確認できたので，当時の中国の乾燥域における水収支の研究プロジェクトに参加できるようになった．そうして，中国各地 30 地点へ応用することにした．気象観測所の一般的な観測データ（気温，湿度，風速など）を用いて熱収支式を解き，地表面温度や土壌の含水率の鉛直分布などの時間変化，季節変化，年平均量などを求めた．計算は 1990 年代のパソコンでも実行できた（Kondo and Xu, 1997）．土壌の種類として番号 1（黒ボク土：北関東など各地にある火山性土），番号 2（中国蘭州の土で保水性はややよい），番号 3（砂質の成田砂），番号 4（鳥取砂丘の砂で排水性がよい）の 4 種類が各地にあるとした.

図 10.7 は半乾燥域と乾燥域における顕熱・潜熱輸送量の季節変化であり，いずれも土壌番号 2（埴壌土，ローム）の場合を示した．次に，第 2 章で説明した年間ポテンシャル蒸発量 E_p を用いる．年間降水量 P_r と年間ポテンシャル蒸発量 E_p を用いると気候の指標となり，半乾燥域の済南では P_r=339 mm/y（P_r/E_p=0.22），乾燥域の吐魯番（トルファン）では P_r=14 mm/y（P_r/E_p=0.01）である．なお，日本などの湿潤域の気候では $P_r/E_p \geqq 1$ である．ここに，ポテンシャル蒸発量 E_p は，湿った標準面からの蒸発量であり，口径 1.2 m

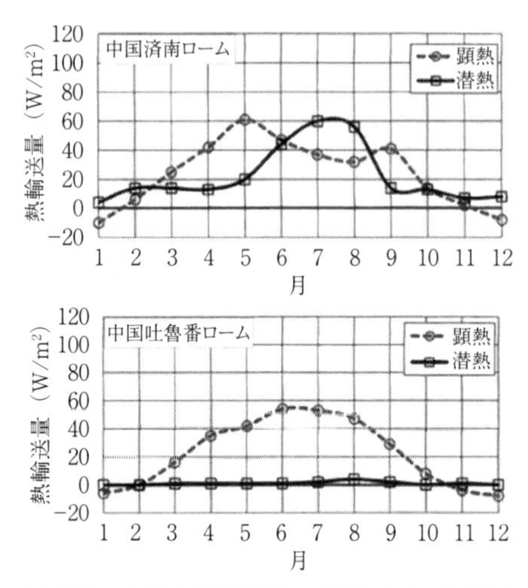

図 10.7　中国の半乾燥域の済南（上）と乾燥域の吐魯番（トルファン）（下）の顕熱・潜熱輸送量の季節変化（近藤，2016）．

の大型蒸発計からの蒸発量に近似的に等しい（近藤，2000，7.5 節）．

済南（図 10.7 上）の 6 ～ 8 月の潜熱輸送量（蒸発量）が多いのは，この季節に降水量が多く土壌が湿っていたことと，気温が高くボーエン比（＝顕熱/潜熱）が小さくなったことによる．それに対して顕熱輸送量のピークが 5 月であるのは，前年秋から当年 6 月上旬まで降水量が少なく土壌が乾燥していたことと，5 月の日射量が年間の最大であったことによる（近藤・徐，1997）．

次に，降雪・積雪地のアルタイ（阿勒泰）について示す．アルタイはアルタイ山脈の南斜面，モンゴルの西端に近いところ，北緯 47° 7′，東経 88° 1′，標高 735 m にあり，年平均気温は 4.0℃，年降水量 P_r は 228 mm/y，ポテンシャル蒸発量 E_p は 1161 mm/y，$P_r/E_p=0.2$ で半乾燥域である（後掲の図 10.9 を参照）．

降雪・積雪地であるため，降水量の観測値は補正が必要である．降雪時の雨量計による降水粒子の捕捉率 cor は，雨量計の受水口の高さの風速（露場風速）が $U=3$ m/s のとき 0.54，$U=6$ m/s のとき 0.30，$U=10$ m/s のとき 0.14 程度になる．降水量の観測値を P_r とし，次式で補正した（近藤・徐，

1996).

降水量の補正値：$P_r' = P_r/\mathrm{cor}$　（ただし降雪時のみ補正）

$$\mathrm{cor} = 0.5\exp(-0.26U) + 0.5\exp(-0.16U) \tag{10.1}$$

Uはルーチン観測の風速の 0.7 倍程度である（測風塔の高さが 10 m 程度のとき）.

また，気温と水蒸気圧を用いた雨・雪判別式によって降水を雨か雪に判別した（近藤，1994，式 3.21）．積雪深は水当量（積雪量を水の深さ mm に換算した値）で表わす．地表面のアルベドは土壌表層の体積含水率の関数，積雪の季節には積雪の水当量の関数とした（Kondo and Xu, 1997）.

図 10.8 はアルタイの 1981 年の毎日の日変化の計算から求めた日平均値の季節変化である．右図には積雪量と降水量の観測値も示してある．ここでは図示しないが，地表面温度は観測値と計算値がほとんど一致しているので，

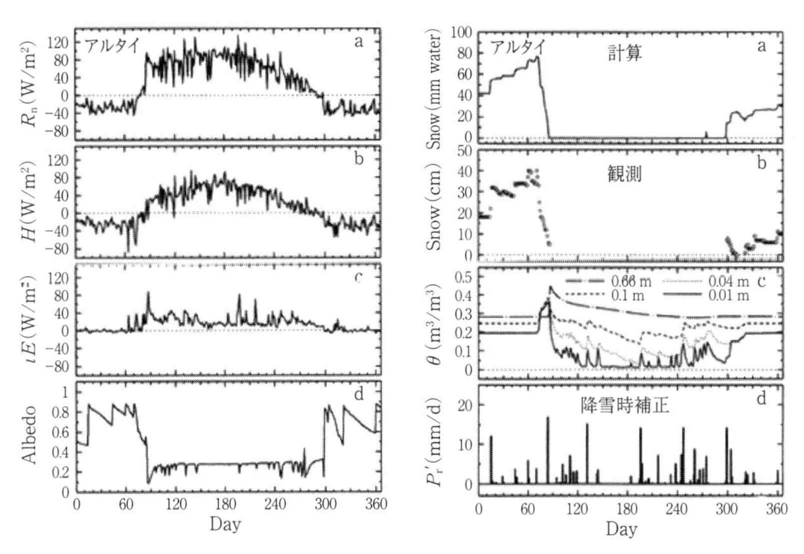

図 10.8　中国のアルタイにおける熱収支量の季節変化の計算，横軸の Day は 1981 年の 1 月 1 日からの日数（Kondo and Xu, 1997）．左図の上から順番に，正味放射量 R_n，顕熱輸送量 H，潜熱輸送量 ιE，アルベド，いずれも計算値．右図の上から順番に，積雪（水当量）の計算値，積雪深の観測値，地中の各深さ（0.66 m，0.1 m，0.04 m，0.01 m）における土壌の体積含水率 θ，降水量は雨量計の捕捉率を補正した降水量 P_r'（ただし，補正は降雪時のみ）.

熱収支計算はほぼ正しくできたとみなしてよい．アルタイは半乾燥域であるため，融雪期（Day＝60 ～ 75）には土壌水分が大きくなり，アルベドが小さくなる（右図 c，左図 d）．積雪期～融雪期を除外すれば，土壌表層の土壌水分（含水率）は非常に小さくなる（右図 c）．正味放射量 R_n（左図 a）は，地表面温度 T_s とアルベドが計算されたのち，上向き放射量（反射日射量と σT_s^4）が求まり，その後に計算される．R_n は冬期の積雪期にマイナスとなる．ほぼ同時に，顕熱輸送量 H もマイナスになる．潜熱輸送量 ιE は 20 W/m^2 前後（蒸発量 E は 0.7 mm/d）の日が多く（左図 c），年蒸発量は 169 mm/y である．

乾燥域の砂漠で注意すべきことがある．それは，降水量の多い湿潤気候では，降雨後の土壌内の水分移動は液体水ですばやく行なわれるのに対し，乾燥域の砂漠では土壌内の水分移動は非常に緩慢となる．すなわち，含水率が小さくなると土壌内の水蒸気拡散抵抗が非常に大きくなり，その結果，土壌内の含水率の時間変化は数十年の過去の状態を保つ（過去を記憶する）．それゆえ，人為的な土壌攪乱を行なうと，元に戻るまでには長い年月がかかる

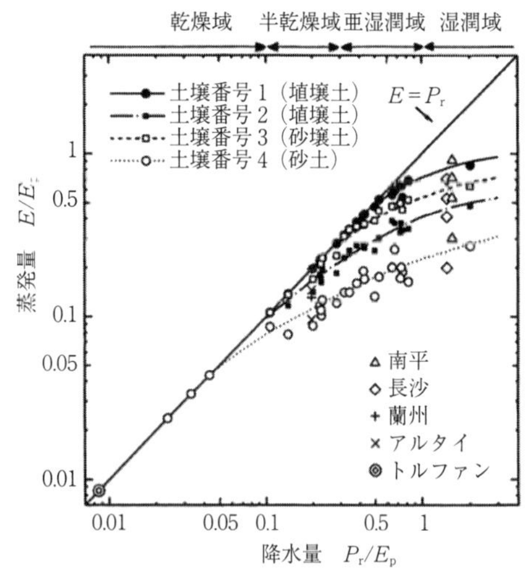

図 10.9　中国各地の土壌の種類ごとの年蒸発量と年降水量の関係（Kondo and Xu, 1997）．いずれもポテンシャル蒸発量 E_p で割り算して無次元化した．

ことになる（近藤，2000，図 8.14）.

土壌の種類と蒸発・水資源量

図 10.9 は，中国各地の代表 30 地点について土壌モデルを用いて求めた年間の蒸発量（計算値）と降水量（観測値）の関係である.

蒸発量は各地点の気候条件によって大きく異なるため，縦軸・横軸ともに，気候条件のみで決まるポテンシャル蒸発量 E_p で割り算してある．図中の斜めの実線と各プロットの縦軸の差が水資源量（地下水も含む流出量）となる．この差がゼロであれば水資源量はゼロ，すなわち，降水量と蒸発量は等しい．$P_r/E_p \leqq 0.3$ の乾燥域や半乾燥域では水資源量は微小である．この関係は土壌種類により大きく異なる．両軸とも対数目盛で表わしてあることに注意する．たとえば横軸＝0.5 の亜湿潤域では，土壌番号 1 の保水性のよい埴壌土では降水のほとんどが蒸発し，流出量≒0 である．一方，土壌番号 4 の砂土では降水量の約 20％が蒸発し，残りの 80％が流出量となる．流出量は，地中に浸透し地下水に達し，河川流となる．河川流は下流の耕地の灌漑に使うことができる．図中の左下に示す 2 重丸のプロットは砂漠地の吐魯番の値である．年降水量が 14 mm/y の吐魯番では，どの土壌の計算でも降水量はすべて蒸発する.

斜めの実線上にプロットされた地点でも降水量はすべて蒸発する．中国のそれらの地域でも農耕地があり，そこでは降水量の多い山地からの水が灌漑用に利用されている．中国河西回廊に並ぶ標高 1000 ～ 1500 m の蘭州～酒泉～敦煌など降水量の少ない地域では，南側にある標高 3000 ～ 5500 m のチーリエン山地の年間降水量 500 ～ 800 mm/y の水資源量が利用されている（近藤，2000，図 8.15）.

参考：土壌面蒸発を表わす式

裸地面の熱収支・水収支を計算するときには，土壌面蒸発を表わす式を用いる．水蒸気の流れを電流に置き換えて考える場合，図 10.3 と 10.4 で説明した蒸発面の q^* と大気中の比湿 q の差が電位差（電圧の差）に相当する．大気中の交換速度 $C_H U$ の逆数 $r_a = 1/C_H U$ を空気力学的抵抗という．ここで，C_H はバルク係数，U は風速である．土壌の間隙内の抵抗（土壌内水蒸気拡散抵抗）は次式で定義される．

$$r_s = \frac{F}{D} \tag{10.2}$$

ここで，F は水蒸気の拡散距離（地表面から蒸発が生じる液体水までの深さの概略 1.5 倍），D（$=2.54\times10^{-5}\mathrm{m^2/s}$，20℃）は水蒸気の分子拡散係数である．したがって，ρ を空気の密度とすれば，蒸発量 E は次の抵抗表示式で与えられる．

$$E = \frac{\rho(q^* - q)}{(r_a + r_s)} \tag{10.3}$$

一方，交換速度 $C_H U$ と蒸発効率 β を用いるバルク式では次式を用いる．

$$E = \rho C_H U \beta (q^* - q) \tag{10.4}$$

蒸発効率 β と r_s の間には次の関係がある．

$$\beta = \frac{1}{1 + (C_H U \times r_s)} \tag{10.5}$$

ここに，$q^* = q_{sat}$（T_s）は土壌表層の温度 T_s に対する飽和比湿，q は観測高度 z における大気中の比湿である．比湿 q は大気中に含まれる水蒸気の密度 ρ_W の湿潤空気の密度 ρ に対する比であり，単位は kg/kg または g/kg で表わす．気温 0，10，20，30，40℃に対する飽和比湿 q_{sat}（T_s）は，それぞれ 3.76，7.57，14.47，26.47，46.57 g/kg である．また，気圧を p，水蒸気圧を e としたとき，$q \fallingdotseq 0.622 \times (e/p)$ である．なお，土壌内水蒸気拡散抵抗 r_s は土壌の体積含水率の関数であり，土壌の種類によって異なる（近藤，2000，図 8.10）．

むすび

砂時計で遊んでいると，ほかにも驚くことがある．砂時計は，砂を入れて完成したときの気象（気圧，温度）を覚えている（近藤，2006，58-2-[6] 砂時計の栓を開けると何が起こる？）．

研究プロジェクトの計画が立てられたとき，なさねばならぬ準備・基礎研究をしっかり行なえば成果が得られ，研究の喜びとなる．

参考文献

近藤純正，1989：大砂時計——世界初への挑戦．東北大学生活協同組合印刷事業部，pp. 154.

近藤純正，1994：水環境の気象学——地表面の水収支・熱収支．朝倉書店，pp. 350.

近藤純正，2000：地表面に近い大気の科学——理解と応用．東京大学出版会，pp. 324.

近藤純正，2006：M17．砂時計に観る地球の自然．
http://www.asahi-net.or.jp/~rk7j-kndu/kisho/kisho17.html

近藤純正，2011：M58．砂時計で学ぶみんなの科学（砂漠気候）．
http://www.asahi-net.or.jp/~rk7j-kndu/kisho/kisho58.html

近藤純正，2016：K124．各種地表面の蒸発量と熱収支特性．
http://www.asahi-net.or.jp/~rk7j-kndu/kenkyu/ke124.html

近藤純正・徐健青，1996：中国北西部における積雪の裸地面熱・水収支に及ぼす影響．雪氷，**58**，303-316.

近藤純正・徐健青，1997：中国における地表面熱収支・水収支（3）裸地面資料の図表．東北大学大学院理学研究科地球物理学専攻気象学研究室，pp. 128.

Kondo, J. and J. Xu, 1997: Seasonal variations in heat and water balances for non-vegetated surface. *J. Appl. Meteor.*, **36**, 1676-1695.

Kondo, J., N. Saigusa, and T. Sato, 1992: A model and experimental study of evaporation from bare soil surfaces. *J. Appl. Meteor.*, **31**, 304-312.

11　湧水の温度と環境変化

気温の観測から地球温暖化量を正しく求めることは難しい．その理由は，第1章で述べたように，観測方法や測器が時代によって変更されてきたことによる．気温は時間変動が大きく日平均・年平均値を求めるには観測の回数を多くしなければならない．また，温度センサに及ぼす放射の影響が大きいので，その誤差を0.1℃以下にしなければならない．気温計に及ぼす放射影響の誤差は近藤（1982）の3.2節に示されている．気温に比べて，地中深部の温度を代表する湧水温度は，日変化・季節変化の幅が小さく，観測回数が少なくても年平均値を知ることができる．また，空気中に比べて水中では，温度センサ（物体）と周囲の熱交換の効率がよいため，水温計に及ぼす放射の影響による誤差は気温観測に比べて格段に小さい．したがって，気温観測から地球温暖化量を求める仕事は専門家でも難しいが（第1章），湧水温度の観測であれば特別の専門家でなくても可能である．

東京の湧水温度の上昇

図11.1は東京都内の湧水11か所平均の水温と気温の差の経年変化である．11地点は明治神宮，稲荷山憩いの森，仙川の親水公園，竹林公園，真姿の池，貫井神社，野川公園，黒川清流公園，ママ下湧水，中野山王子安神社，芹ヶ谷公園である．

湧水温度は地中の深い層の温度が地表に現れたものであるため，地表面温度の1～数年前の状態とみなすことができる．図11.1の気温は湧水温度より3年前の年平均気温，たとえば，横軸の2003年のプロットは2000年の気温を用いた水温と年平均気温の差である．

東京の湧水温度の上昇が気温よりも大きく，両者の差が年とともに増加しているのはなぜか？

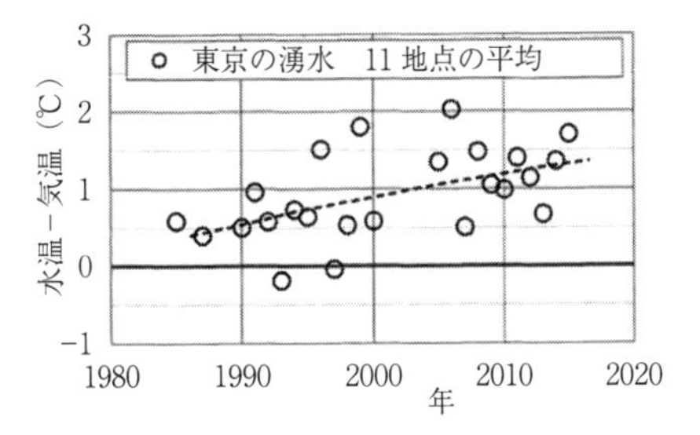

図 11.1　東京の湧水 11 地点平均の水温と 3 年前の年平均気温の差の経年変化（近藤・松山，2016，図 130.3）．

(1) 気温が上昇すると地表面の蒸発散量が増え，地表面温度（したがって地中温度＝湧水温度）は相対的に下降し，水温と気温の差は減少する．また，大気が乾燥しても蒸発散量は増え，同じように水温と気温の差は減少する（後述）．それにもかかわらず，水温と気温の差が増加しているのは，(2) 都市では都市化の進行により，植生地の面積が減少し，道路が舗装され，ビルなど構造物が増えることによって，地表面の蒸発効率 β が低下し，蒸発散量が減少したためである．その結果，(1)とは異なり地表面温度と気温の差は増加する（後述）．図 11.1 で生じている現象は，この(2)である．

湧水温度を長期間にわたり観測し，(1)と(2)のいずれの現象が起こったかを知ることで，その周辺における環境変化がわかる．そして，都市化の影響のない場所，あるいは都市であっても環境が一定の状態で続いている場所では湧水温度から地球温暖化量を知ることができる．

温暖化と湧水温度

図 11.2 は，第 8 章で示した熱収支式（8.3），（8.5），（8.6）の厳密解に東京の観測データを再現するように適切な相対湿度 rh を与えたときの気温上昇に対する地表面温度と気温の差の変化である．すなわち，年平均の有効入力放射量（$R^{\downarrow}-\sigma T^4$）と気温 T と相対湿度 rh，および地被状態によって異なる交換速度 $C_H U$ と蒸発効率 β を与えて，熱収支式から地表面温度 T_s と気温 T の差を計算した．1970 年は $rh=0.63$，2010 年は $rh=0.60$ を用いた（気象庁の旧観測地点の東京大手町ビル街での観測値）．ここで用いる $C_H U$ と β は

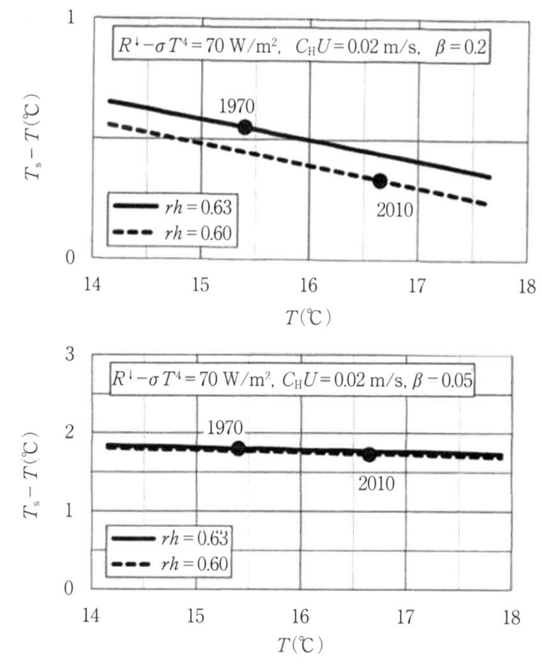

図 11.2　地表面温度 T_s と気温 T の差と気温との関係．有効入力放射量＝70 W/m²，交換速度 $C_H U=0.02$ m/s のとき．相対湿度 $rh=0.63$（実線）と 0.60（破線）をパラメータとする．上：蒸発効率 $\beta=0.2$，下：$\beta=0.05$（近藤・松山，2016，図 130.11 と 13）．丸印は，気象庁の旧観測地点の東京大手町ビル街での気温と相対湿度の観測値．

短時間ではなく，年間の平均的な値である．なお，この場合の $C_H U$ とその他の要素に多少の誤差が含まれていてもよい．それは熱収支式の解のもつ特徴である（図 8.7 で説明した）．なお，$C_H U$ の目安は近藤（2000）の表 5.1 に示してある．

図 11.2 の上図では縦軸（T_s-T）の表示範囲を 0～1℃としているが，T の 1℃の増加と rh の 0.03（＝3%）の減少に対して，（T_s-T）は 0.1℃程度の減少である．したがって，温暖化の影響が支配的であり，上述した都市化などの影響（$C_H U$ と β）に変化がなければ，湧水温度の長期変化は気温の長期変化より 0.1℃程度小さくなる．

なお，図 11.2（下）は市街地を想定し，蒸発効率＝0.05 の場合である（広範囲が舗装されて，地表面は降雨日に濡れて蒸発はあるが，その他の日は乾燥して蒸発量はゼロ）．

都市化と湧水温度

図 11.3 は，前項で説明したと同様に熱収支式の厳密解を用いて地表面の蒸発効率 β を 0 ～ 0.2 の範囲で変化させた場合の気温上昇に対する地表面温度と気温の差の関係である．上図の交換速度 $C_H U$＝0.02 m/s は一般的な森林を想定したとき，下図の $C_H U$＝0.015 m/s は草地・小森林など荒野を想定している．$C_H U$ は地表面の地被状態と風速によって変化する．

温泉地などを除けば，湧水温度は湧出する深さの地中温度を表わしている．地中温度の年平均値は地表面温度 T_s の年平均値に等しいと考えてよい．それゆえ，図 11.3 の地表面温度を湧水温度と読み替えると，緑地が減少するこ

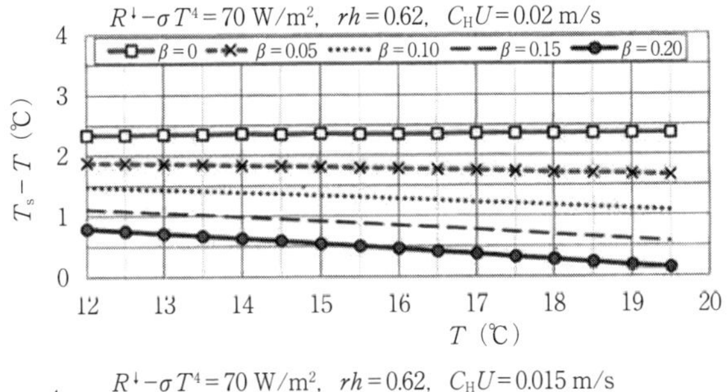

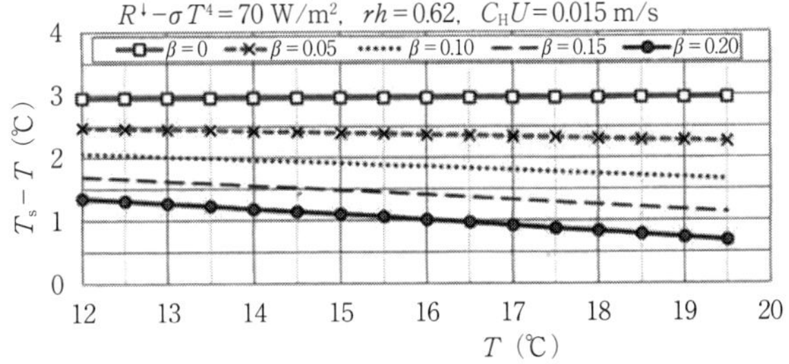

図 11.3　地表面温度と気温の差（$T_s - T$）と気温 T との関係．蒸発効率 β をパラメータとし，有効入力放射量＝70 W/m^2，相対湿度 rh＝0.62 のとき．上：交換速度 $C_H U$＝0.02 m/s，下：$C_H U$＝0.015 m/s（近藤・松山，2016，図 130.15 ～ 16）．

とによって蒸発効率が$\beta=0.2$から0.15，0.10，0.05と減少し，それにしたがって，湧水温度と気温の差（T_s-T）は大きくなることがわかる．各曲線の差は気温が高いほど大きくなる．すなわち，都市化によってβが小さくなり，気温上昇が進むほど，湧水温度と気温の差（T_s-T）はより大きくなる．

図11.3の上図に用いた$C_H U=0.02$ m/s，相対湿度$rh=0.62$の場合について検討してみよう．1990年前後の年平均気温$T=16.0$℃，$\beta=0.2$とすれば，$T_s-T=0.5$℃である．その後，都市化が進み2015年前後平均の$T=16.7$℃，$\beta=0.1$に変化すれば$T_s-T=1.2$℃に増大する．この増加傾向は，図11.1に示した湧水温度と気温の差（観測値）の経年変化に似ている．一方，都市化されていた地域が過疎化（ビルや住宅などを解体）すればT_s-Tは減少し，湧水温度の上昇率は地球温暖化の気温上昇率よりも小さくなる．

図11.3の上図において，簡単のために東京都内にある森林の状態は一定で（$C_H U=0.02$ m/s，$\beta=0.2$），有効入力放射量（$R^{\downarrow}-\sigma T^4$）$=70$ W/m^2，相対湿度$rh=0.62$も一定とし，気温のみ上昇する場合を想定してみよう．図中の下端にプロットされた塗りつぶし丸印つき曲線から読み取ると，1900年前後の気温＝13.7℃の時代には$T_s-T=0.7$℃，2050年に17.0℃になるとすれば，$T_s-T=0.4$℃となり，水温・気温差は時代とともに小さくなる．

ここでは，原理を理解するために，気温Tと蒸発効率βのみを変えたときを想定したが，湧水温度と気温の差を観測すれば，湧水の源となる地下水の涵養域（面積0.1～1 km^{2}範囲）の環境変化がわかる．したがって，地表面の地被状態（$C_H U$，β）に変化がない地域では，湧水温度から地球温暖化量を知ることができる．

地中の深さと温度変化

地表面温度T_sの平均値をT_M，振幅をA_1とし，周期τ（1年周期の場合，$\tau=365$日$=86400$秒$\times 365=3.154\times 10^7$s）の余弦関数で変化する場合を考える．すなわち，

$$T_s=T_M+A_1\cos\omega t \tag{11.1}$$

ここで，$\omega(=2\pi/\tau=1.992\times 10^{-7}\text{s}^{-1})$は1年周期変化の角速度，$t=0$は$T_s$が最高値を示す時刻（夏）である．深さ$z$における地中温度$T$は次の式で

表わされる（近藤，2000，4.4 節）．

$$\text{地中温度：}\qquad T = A\cos(\omega t - \varepsilon) + T_M \qquad (11.2)$$

$$\text{振幅：}\qquad A = A_1 \exp\left[-z\left(\frac{\omega}{2a}\right)^{\frac{1}{2}}\right] \qquad (11.3)$$

$$\text{位相の遅れ：}\qquad \varepsilon = z\left(\frac{\omega}{2a}\right)^{\frac{1}{2}} \qquad (11.4)$$

ここで，$a = \lambda_G / C_G \rho_G$ は地中の温度拡散係数，λ_G は熱伝導度，C_G は比熱，ρ_G は密度，$C_G \rho_G$ は単位体積当たりの熱容量である．

図 11.4 は地中の温度拡散係数が $a = 5.24 \times 10^{-7}\,\mathrm{m^2 s^{-1}}$ のときの地中温度の変化幅 $2A$（振幅の 2 倍）と深さとの関係である．深さ $z = 0$ における変化幅 $2A = 23.3$℃に対して，$z = 5$ m で 2.6℃，10 m で 0.30℃，15 m で 0.034℃，20 m で 0.0038℃，25 m で 0.00043℃となる．位相の遅れ ε は，$z = 5$ m で $2\pi \times 0.35$ ラジアン，10 m で $2\pi \times 0.69$ ラジアン，15 m で $2\pi \times 1.04$ ラジアン，20 m で $2\pi \times 1.38$ ラジアン，25 m で $2\pi \times 1.74$ となる．すなわち，2π ラジアン（= 360 度）が 1 年であるので，$z = 15$ m で約 1 年遅れとなる．温度拡散係数 a は場所などによって異なるので，図 11.4 は目安として利用できる．ただし，温度変化の振幅と位相遅れは a の平方根の関数であるので，場所が違っても

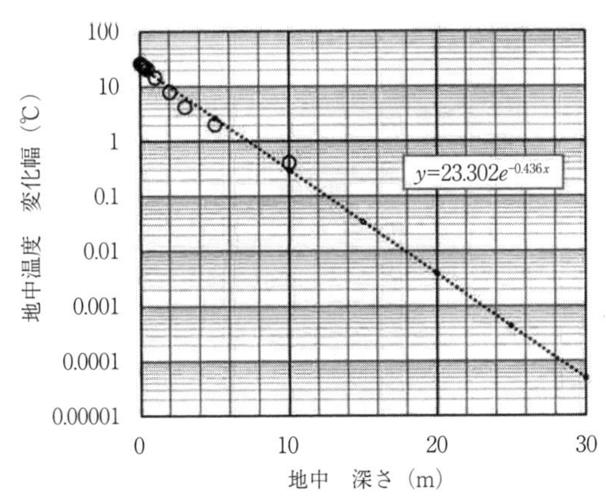

図 11.4　地中温度の年変化幅と深さとの関係，白丸印は水戸における実測値（近藤，2000，図 4.11）．

A と ε に大きな違いは生じない．

湧水温度を分解能 0.01℃の水温計で観測する場合，湧水の涵養源が地中 20 m 以上の深さであれば，水温の季節変化は認められないことになる．一方，涵養源が地中 10 m より浅ければ，季節変化の変化幅は 0.3℃以上になるので，年間に数回の観測を行なえば年平均水温が得られる．湧水量が十分にあり，水温の季節変化の小さい湧水を測ることを薦めたい．

東京都内の気温の上昇は大きいか

図 11.5 は東京都内のアメダス 4 地点（北の丸，練馬，府中，八王子）の年平均気温の経年変化である．湧水温度の観測は少なくとも 10 年以上続ければ面白い結果が見えてくる．さらに 50 年以上の長期にわたり続ければ，さらに予期せぬ面白い発見がある．ここでは試験的に，2015 ～ 2021 年の 7 年間を示した．各アメダスの気温上昇率に違いはあるが，短期間なので有意な差ではないと考え，4 地点の平均値を東京全域の気温上昇率とみなした．

$$4\text{アメダス，気温上昇率の平均値：}0.054 \pm 0.008℃/\text{y} \tag{11.5}$$

この上昇率は国立環境研究所の地球環境研究センターの落石岬（北海道），富士北麓（山梨県），波照間（南西諸島）の 3 つの観測所に設置されている高さ 32 ～ 50 m の観測塔における 2008 ～ 2019 年の都市化の影響を含まない日本平均の気温上昇率とほぼ一致する（近藤・笹川，2020）．

$$3\text{観測塔，気温上昇率の平均値} = 0.050℃/\text{y} \tag{11.6}$$

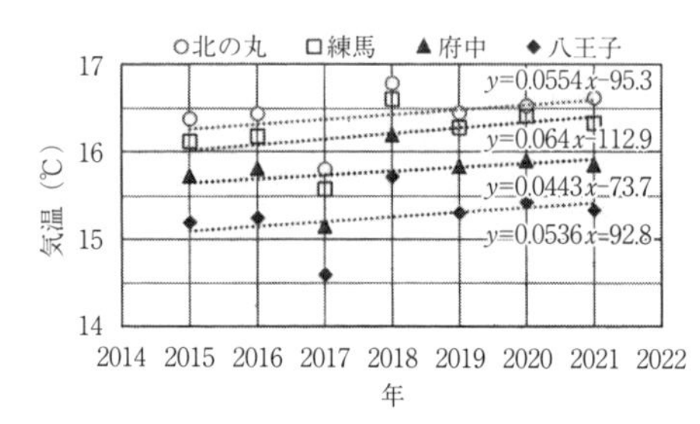

図 11.5　東京 4 地点の気温の経年変化，2015 ～ 2021 年．

したがって，東京の 4 アメダス周辺は，都市化の影響を受けているものの，2010 年代はほぼ一定の状態が続いていると見なせる．

東京都内の湧水温度の上昇は大きいか

さて，図 11.6 は東京都内の湧水 3 地点（国分寺市の真姿の池，調布市の神代農場 2 点）の水温の経年変化である．この観測では水温計は精度・分解能が 0.01℃のものを用い，数年に 1 回の頻度で水温計の指示値に狂いがないか試験所で校正した．3 地点の平均昇温率は次の通りである．

$$\text{水温上昇率の平均} = 0.059 \pm 0.004\text{℃}/\text{y} \qquad (11.7)$$

短期間の観測であることと上昇率そのものの誤差を考慮すれば，この上昇率は式（11.5）と（11.6）の気温上昇率とおおむね一致している．

すなわち，真姿の池や神代農場の湧水点の断崖上に広がる湧水涵養域の蒸発効率 β と交換速度 $C_H U$ はほぼ一定の状態が続いていることを表わしている．

ここでは短期間を示したが，このような観測を長期にわたり続ければ，環境変化を知るだけではなく，地球温暖化量を評価できることになる．

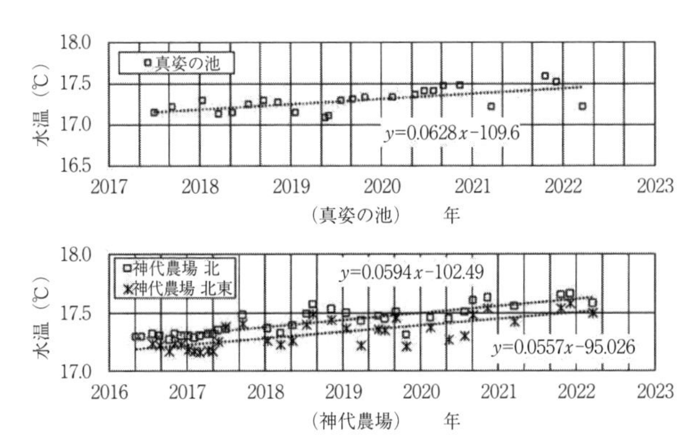

図 11.6　東京の湧水温度の経年変化，2016 ～ 2022 年または 2017 ～ 2022 年．
上：真姿の池，下：神代農場 2 点．

むすび

本章で学んだことから，読者の住む地域の湧水温度を測り，湧水涵養域の環境変化と地球温暖化量を知る人々が増えることを期待したい．観測は10年以上続けることが望ましい． その際，水温計の器差（誤差＝示度と真値の差）の変化に注意すること．水銀温度計でも電気温度計でも器差は経年変化するので，数年ごとに校正を行なうこと．校正の費用は，数万円である．

涵養域の環境変化によって湧水が涸れ，あるいは水温が急変することも生じる．水量の多い数地点，可能ならば10か所ほどを最初に選ぶ．それらの観測から水温の季節変化が小さい湧水に限定する．何事も観測すれば，予想外の結果・新しい発見がある．読者の新しい発見のために，細かな注意点は省略する．観測の失敗も新しい発見となる．観測中に不明点が見つかれば筆者に問い合わせてほしい．

参考文献

近藤純正，1982：大気境界層の科学――大気と地球表面の対話．東京堂出版，pp. 219.
近藤純正，2000：地表面に近い大気の科学――理解と応用．東京大学出版会，pp. 324.
近藤純正・松山 洋，2016；K130. 東京の都市化と湧水温度――熱収支解析.
http://www.asahi-net.or.jp/~rk7j-kndu/kenkyu/ke130.html
近藤純正・笹川基樹，2020；K206. 地球温暖化，全国3試験観測所.
http://www.asahi-net.or.jp/~rk7j-kndu/kenkyu/ke206.html

12　空間の大きさと温度変化の時間

大気中に限らず身のまわりに起きるさまざまな現象には寿命，すなわち存在する「時間スケール」がある．本書のカバー袖（下）の写真は北海道西岸の寿都から見た，海面上を東から西（写真の右から左）へ流れる帯状の霧である（2006 年 9 月 16 日 6 時 30 分撮影）．撮影地点から，帯状の霧までの距離は十数 km である．内陸では前夜から当日朝までは快晴微風であり，放射冷却によって地面近くの低温層内に放射霧が発生したと考えられる．海面上にある霧の帯の先端までの距離はおおむね 10 km であり，霧の流れる速さ（陸風の風速）を 2 ～ 3 m/s とすれば，霧が海へ出て，暖かい海面で加熱されながら流れ，先端まで移動して消滅する時間は 1 ～ 2 時間である．この，低温層内の霧の海面上での寿命は 1 ～ 2 時間である．

冬期の室温変化

図 12.1 は，冬の 8 畳洋室（3.6 m×3.6 m，天井は高さ 2.4 m）で測定した室内温度の鉛直分布の時間変化である．測定高度は床面の 0 m および 0.01，0.05，0.55，1.5，2.25 m の 6 高度である（近藤，2019a）．

エアコンは午前 0 時に停止させ，室温が自然に下降する状態にしておいた．0 時 59 分の室温の鉛直分布（図の右端に示す黒丸付き実線）を見ると，天井付近の高度 2.25 m の温度は 19.0℃ である．また，床面から高さ $z=0.05$ m の温度は 16.1℃ であり，床面温度 18.6℃ に比べて 2.5℃ 低い．次項で説明する，いわゆる「極小低温層」が 0.05 m 付近にできている．室温はこの分布形を維持したまま，時間とともに下がってきた．このとき 2 分間だけ，窓とドアを開けると外の冷気が室内に入る．再び窓とドアを閉める．1 時 01 分の室温の鉛直分布（白抜き丸印付き破線）がこのときの状態であり，$z=0.05$ m の温度は 16.1℃ から 7.2℃ まで低下した．その後は時間とともにしだいに 1 時 31

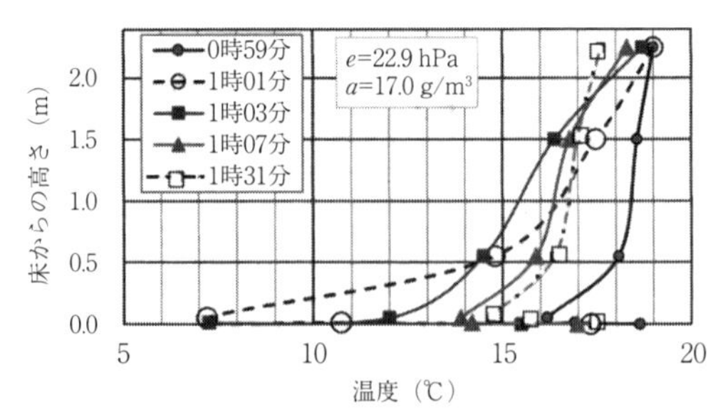

図 12.1　部屋の窓とドアを 2 分間開放して冷気を入れたあとの室温の鉛直分布の時間変化（2018 年 12 月 29 日），測定は 6 高度（0，0.01，0.05，0.55，1.5，2.25 m）である．右端の黒丸印付き実線は窓とドアを開ける直前の分布．図中の $e = 22.9$ hPa と $a = 17.0$ g/m^3 は室内の水蒸気圧と絶対湿度である．

分の鉛直分布（白抜き四角印付き一点鎖線）に近づいていく．この現象は 10 分間で最初の 0 時 59 分の鉛直分布の形にほぼ近くなり，30 分間でほとんど元の鉛直分布の形に戻った．この現象の空間スケールは左右・上下が各 3 m 程度の 3 次元であり，時間スケールは約 30 分である．

床面の極小低温層

極小低温層が高さ $z=0$ ではなく，それより少し高い層にできる現象は「レイズド・ミニマム」（raised minimum; elevated minimum）と呼ばれていて，微風の晴天夜間に裸地面上で観測され，また湖面や海面上でも観測される．本書のカバー袖（下）の写真はレイズド・ミニマムが肉眼で見えたものである．夜間に室内の床面上にできるのは，ガラス窓で絶えず冷やされた冷気が下降して広がったものである．床面上にできる極小低温層は図 12.1 では 0.05 m の高さにできたが，建物の構造と状態によって違い，0.5 m にできた例もある．裸地面上では，離れたところの草地などでできた冷気が移流してきたものである（近藤，2007）．

地震観測壕内の温度を測る

山腹の横穴・地震観測壕内の温度を測ることになった動機は，神奈川県秦野市で湧水温度を観測したことにある．「くずはの広場」にある湧水「ホタルの里」は標高差約10mの急峻な断崖下の湧水である．水温の年変化幅が約1℃もあり，深さ約10mの地中温度の年変化幅としては大きすぎる（近藤・内藤，2017）．第11章の図11.4に示すように，地中10mの深さからの湧水であれば，年変化幅は0.3℃前後であり，それよりも数倍大きい．この湧水は昔，秦野市が水道用に掘った水道施設跡のトンネルからの湧水であり，トンネル内の水面上には空気層がある．トンネルの入口には扉があるが，隙間からの「外気の気圧変化によって空気の出入りがあり，水温の季節変化が大きくなるのか？」という疑問をもった．これが横穴の地震観測壕内の温度を測る動機となった．

その後にわかったことだが，湧水「ホタルの里」のトンネルは断崖面とほぼ垂直に奥に向かって掘られているが，これは入口付近のみで，すぐ奥でトンネルは横に曲がり断崖斜面に平行になっている．そのため，湧水源は地表から浅いところにあり，これが湧水温度の年変化幅が大きい理由であった．しかし，地震観測壕内の温度について興味があるので，観測を行なうことにした．この観測は無駄にはならず，大気現象の基本を確認することになる．何でも注意深く観測すれば，必ず新しい発見があるものだ．

図12.2は，今回実施した岩手県遠野市の標高370mに設置されている東北大学遠野地震観測所の観測壕の模式図である．観測所の2階の奥に進むと連絡通路があり，さらに観測壕入口の鉄扉がある．扉の奥は長さ36mの壕内通路と12mの地震観測室となっている．扉は完全な密閉式ではなく，わずかな隙間から空気の出入りがある．

壕内温度は精度・分解能0.01℃の温度計で観測した．壕内奥の温度は年間

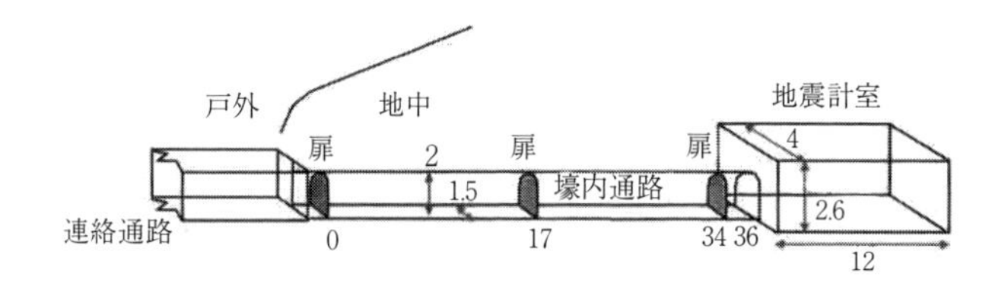

数値は壕入口扉からの距離（数値の単位はm）

図12.2 観測壕の模式図．温度計の設置場所は入口扉（距離＝0とする）から1.5m，8m，30mの壕内通路，および地震計室である（近藤，2019a）．

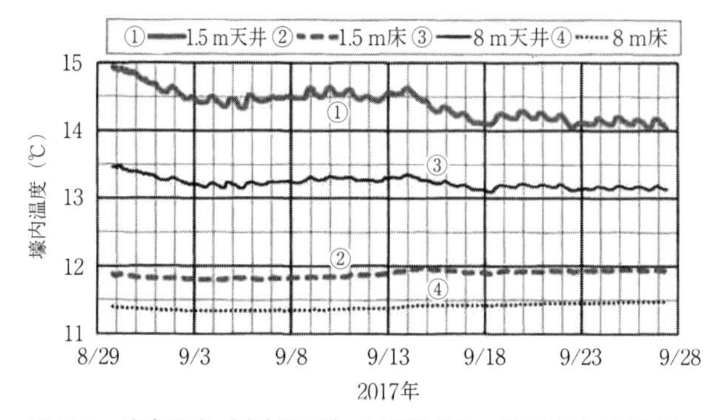

図 12.3　壕内温度（空気温度）の時間変化，2017 年 8 月 29 日～9 月 27 日．実線①：入口扉から距離 1.5 m の天井近くの温度，破線②：同 1.5 m の床面近くの温度，実線③：距離 8 m の天井近くの温度，点線④：同 8 m の床面近くの温度（近藤，2019a）．

を通じてほぼ 10℃であり，外気の気圧の日変化（変化幅は約 2 hPa）および季節変化にともない，外気と壕内空気の出入りがある．高温の夏期には，外気の気圧上昇時には空気は壕内通路の天井面に沿って入り，その空気量より少ない量の空気が床面に沿って外へ出る．一方，外気の気圧の下降時には壕内の空気が床面に沿って外に出て，それよりも少量の空気が天井に沿って外から壕内へ入る．低温の冬期は夏期とは逆で，天井に沿う流れは床に沿う流れに，床に沿う流れは天井に沿う流れに変わる．ただし，壕内に出入りする正味の空気量はわずかである．

図 12.3 は 2017 年 8 月 29 日～ 9 月 27 日の壕内通路の温度の記録である．入口扉から 1.5 m の天井近く（①）と 8 m の天井近く（③）の空気温度に日周期的な変動が見える．

図 12.4 は，気圧の日変化にともなう壕内温度の日変化を詳しくみたもので，9 月 3 ～ 26 日の 24 日間平均の戸外の気圧と壕内温度の日変化である．気圧は半日周期に比べて 1 日周期が顕著に現れている．壕内温度の変化幅は，距離 1.5 m の天井近くで 0.08℃，距離 8 m の天井近くで 0.04℃である．図示していないが距離 32 m では 0.003 ～ 0.005℃である．これら夏期の壕内温度の日変化幅は外から壕内へ空気が入るときの値であり，床面近くを外に向かって空気が出るときの日変化幅は距離 1.5 m，8 m，32 m ではほぼ同じ約 0.005℃である．なお，温度計の分解能 0.01℃より小さい変化が見えるのは，24 日間

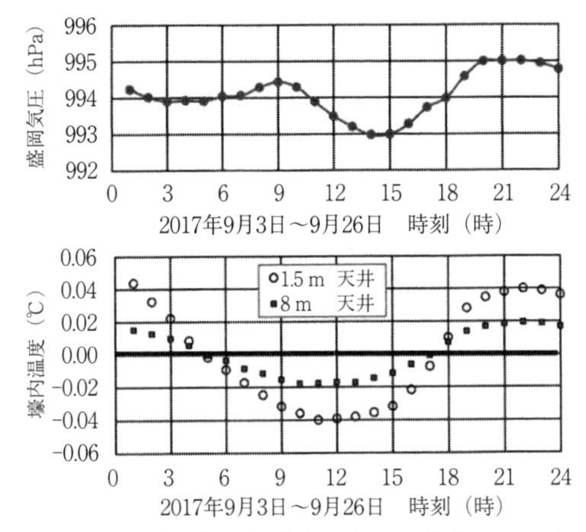

図 12.4 戸外の気圧と壕内温度の日変化，2017 年 9 月 3 ～ 26 日の平均．上：盛岡地方気象台の現地気圧，下：入口扉から距離 1.5 m と 8 m の天井近くの温度（日平均値からの差）．

の平均値で示したからである．

戸外であれば，気圧の日変化幅 2 hPa にともなう空気の断熱変化（熱の出入りがないときの気温変化）の幅は約 0.2℃であるが，壕内では奥に進むほど温度の変化幅が小さくなる．その理由は，壕内通路の壁面からの放射（長波放射，遠赤外放射）の作用によると考えた．そこで，放射の作用を定量的に明らかにするために，模型実験と理論計算を行なうことにした．その準備として，作用の強さを表わすために「時定数」を定義する．

温度変化と時定数（追従時間）

気温の急激な時間変化を観測する場合には，追従性の速い温度センサで測らなければならない．図 12.5 は気温が 0℃から瞬間的に 1℃に急変したとき，非常に細い応答の速いセンサで測ったときの気温計の記録（破線）である．時定数が 1 s のセンサでは 1 s 後に 0.632℃，2 s 後に 0.865℃，3 s 後に 0.950℃，4 s 後に 0.982℃と，しだいに実際の温度 1℃に近づいていく．気温が時刻 $t \leqq 0$ で $T = T_0$，$t > 0$ で $T = T_\infty$ に変化したとき，センサの温度 T_s は次のように指数関数で表わされる（近藤，2000）．

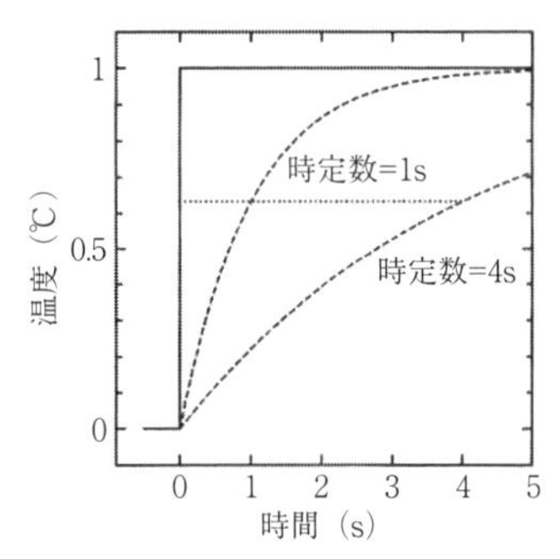

図 12.5　温度計の時定数の説明図．気温（実線）が 0℃から 1℃まで急変したとき，温度計（破線，時定数が 1 s と 4 s の場合）の温度の時間変化．

$$T_s = T_0 + (T_\infty - T_0)\left[1 - \exp\left(\frac{-t}{\tau}\right)\right] \tag{12.1}$$

ここで，τ は時定数（追従時間）である．図 12.5 では，$T_\infty = 1$℃，$T_0 = 0$℃である．

大気中の温度や身のまわりの室内温度などは，熱伝導と放射と対流（乱流）の働きによって変化する．その場合，定常的な状態にあった温度 T_0 から状態が急激に変わったときの温度変化の速さを時定数 τ で表わすことができる．厳密には，特に放射の効果が強い場合，温度変化は指数関数で表わすことはできないが，指数関数に近い形で変化する．その場合でも，初期時刻の温度差（$T_\infty - T_0$）が $1/e = 0.368$ に減少，すなわち 63.2%の効果によって初期時刻の 36.8%の温度差になるまでの時間を「放射時定数 τ_R」と定義する．

理論式による時定数

空気中に含まれる水蒸気量 $a = 10\ \mathrm{g/m^3}$ のときの理論計算による放射時定数は次の近似式で表わされる（近藤，2019b）．

$$\text{放射時定数：}\tau_R \fallingdotseq Az^{2/3},\quad A = 40\ \text{分}/\mathrm{m}^{(2/3)} \tag{12.2}$$

一方，熱伝導のときは次の理論式で表わされる（近藤，2019b）．

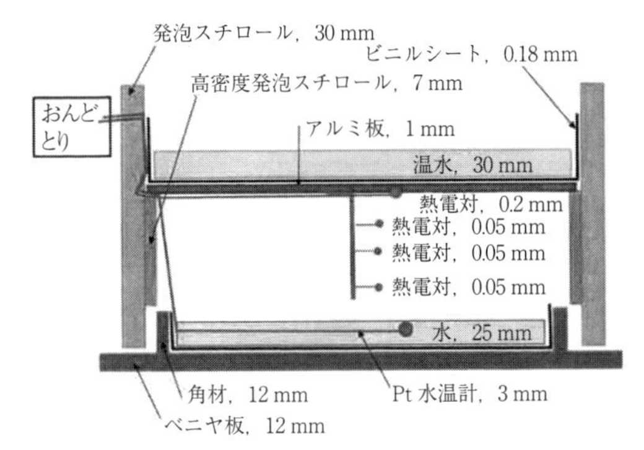

図 12.6　中模型の実験装置．箱内の空気層の長さ＝1.2 m，幅＝0.8 m，高さ＝0.58 m である．温度センサの熱伝対に付けた 0.2 mm と 0.05 mm はそのセンサの直径を示す（近藤，2019b）．

$$\text{時定数：} \tau = Bz^2 \tag{12.3}$$

ただし，分子拡散係数 $K = 2.1 \times 10^{-6}\,\mathrm{m^2/s}$ のとき，$B = 1700$ 分/$\mathrm{m^2}$ となる．

放射時定数を求める実験

図 12.6 は，放射時定数を求める実験装置の模式図である．放射の働きをみるために，乱流（対流）が発生しないように，断熱箱の底には低温の水，天井には少しだけ温度の高い水を入れて安定にしておく．時刻 $t=0$ に，天井側に高温の温水を入れ，装置内の温度上昇を記録する．温度の記録は「おんどとり」（T&D 社製）で行った．装置内の温度がほとんど平衡状態になるまで記録し，その記録から放射時定数を求めた．実験は中模型のほかに小模型の装置も用いた（近藤，2019b）．

時定数と規模――小箱の中から地球まで

図 12.7 は時定数と空気層の距離との関係である（近藤，2021）．丸印と四角印は実験から求めた放射時定数，傾斜の小さい直線は理論計算から求めた放射時定数（水蒸気量＝10 g/m^3 のとき），傾斜の大きい直線は分子熱伝導のときの時定数，破線は乱流拡散係数のときの時定数と空気層の距離との関係を表わす．なお，水蒸気量が 10 g/m^3 よりも多いときの放射時定数の線は下

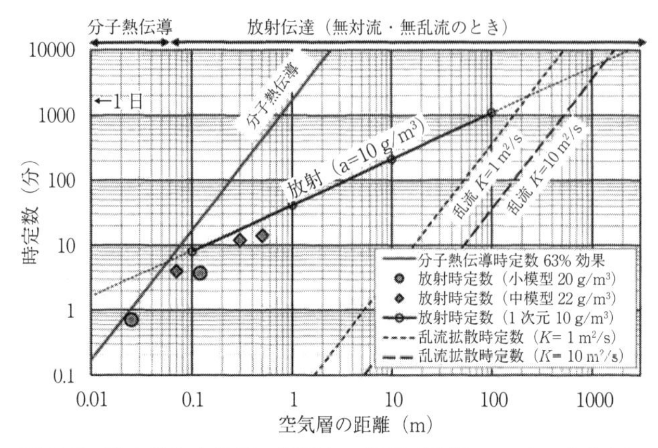

図 12.7　時定数と空気層の距離との関係（近藤，2021）．丸印と四角印は実験装置による結果，傾斜の小さい直線は放射時定数（水蒸気量 = 10 g/m^3 のとき），傾斜の大きい直線は分子熱伝導のときの時定数，破線は乱流拡散係数のときの時定数を表わす．

方へずれて小さな値をとる，つまり放射の作用が強いことになる．

例 1 として，空気層の距離 $z = 0.02$ m の場合，分子熱伝導の時定数 $\tau = 0.7$ 分に対して，放射時定数 $\tau_R = 2.8$ 分であり，熱伝導の作用によって素早く平衡状態に近づく．

例 2 として，$z = 0.2$ m の場合，$\tau = 70$ 分に対して，$\tau_R = 13$ 分であり，放射の作用によって平衡状態に近づく．つまり，放射の作用が大きい．

例 3 として $z = 100$ m，乱流が盛んで拡散係数 $K = 10$ m^2/s の場合，乱流拡散の時定数 = 37 分に対して $\tau_R \fallingdotseq 1$ 日である．乱流がなければ放射の作用では 1 日かかるところ乱流の作用によって 1 時間以内に平衡状態になる．

例 3 の状況を，盆地の下層大気にあてはめてみよう．下層雲の雲底を高度 100 m とし，その下に地表面温度より高温の空気が移流してきたとき，大気は安定層となり乱流が働かないとする．100 m の空気層の放射時定数は 1050 分（17.5 時間）であるので，移流してきた暖気は 17.5 時間でほぼ消滅することになる．これは水蒸気量が 10 g/m^3 の場合である．水蒸気量がこれより多い場合は，放射の作用が強く働き放射時定数は短くなり，より短時間で移流暖気は消滅する．

大気の平均的状態である乱流拡散係数が概略 $K = 10$ m^2/s の場合，スケールが2000 m以上となり，大スケール（地球規模）になるほど放射の作用が大きくなる．つまり，地球大気の平均的な温度分布や気候変化は基本的に放射の作用によって決まる．このことが実験と理論計算によって再認識できたのである．

むすび

湧水温度の季節変化の大きさに疑問をもったことが動機となり，放射による空気温度の時間変化について，理論計算と実験を行なった．身近な小空間から地球規模の範囲について，分子拡散・乱流拡散の時定数および放射時定数と空間スケールとの関係が明らかになり，地球の気候は放射によって大勢が決まることを再認識した．何事も，つきつめて調べてみると新しい発見がある．これが科学する喜びである．

本章で得られた関係は，住宅の断熱設計や暖冷房のエネルギ－節減にも応用することができる．

参考文献

近藤純正，2000：地表面に近い大気の科学——理解と応用．東京大学出版会，pp. 324.
近藤純正，2007；M20．裸地上の極小低温層（特別講義）．
http://www.asahi-net.or.jp/~rk7j-kndu/kisho/kisho20.html
近藤純正，2019a：K177．観測壕内の温度．
http://www.asahi-net.or.jp/~rk7j-kndu/kenkyu/ke177.html
近藤純正，2019b：K191．空間内の温度に及ぼす放射影響の実験（2）．
http://www.asahi-net.or.jp/~rk7j-kndu/kenkyu/ke191.html
近藤純正，2021：観測の誤差から真実を見る——地球温暖化観測所の設立に向けて．天気，**68**，37-44.
近藤純正・内藤玄一，2017：K143．神奈川県秦野の湧水の水温季節変化（1）．
http://www.asahi-net.or.jp/~rk7j-kndu/kenkyu/ke143.html

13　大気・海洋の熱エネルギー移動と地球の気候

この章では，地表面の熱収支の複雑な例として，暖流「黒潮」の運ぶ海洋運搬熱が非常に大きい冬の東シナ海を取り上げる．

1950年代は，電子計算機が実用化された時代である．気象庁では1959年にIBMの電子計算機が導入され，数値天気予報の試験が開始された．数値予報の精度向上には，地表面と大気間で交換される乱流輸送量（顕熱，水蒸気量，摩擦力）を正しく取り入れなければならない．摩擦力は，一般には地表面の摩擦力と呼ばれている．1969年ころ乱流輸送量を直接測ることのできる超音波風速計が海上電機で商品化されて，乱流輸送量が直接観測できるようになった．基礎研究では，通常の気象観測で得られる風速，気温，湿度および地表面温度（海上では海面温度）を用いて乱流輸送量を表わす，いわゆるパラメータ化を行い，それを数値予報の計算に取り入れなければならない．

こうした機運が世界中で起こり，冬の東シナ海で国際協力研究「気団変質実験AMTEX」（Air Mass Transformation Experiment）を1974年と1975年に行なうことが計画された．その準備段階の5～6年間に，解決しなければならない課題がいくつかあった．(1) 陸上と違って海上では波があるため，大気安定度が中立のときでも風速は対数則（風速が地上高の対数に比例）が成立するか，否かを確認すること，(2) 海面の粗度 z_0 が波のどの成分（うねり，波浪，砕波）で決まるか，などの問題，(3) 海面の摩擦力と顕熱・潜熱輸送量を表わすときに用いるバルク係数（C_M，C_H，C_E）と風速，および大気安定度との関係を正しく求めることである．

これら海面上の乱流輸送量のパラメータ化に関わる一連の研究を神奈川県平塚沖の海洋観測塔で行なった．この観測塔は，1959年9月の伊勢湾台風により死者・不明者5千人余が出たことから人命重視の意識が高まり，沿岸

図 13.1　相模湾の平塚沖 1 km に 1965 年 9 月に建造された海洋観測塔，高さは水面上 22 m，水深 20 m，当時の建造費は 1 億 1 千万円である．水面上 10 m まで外階段を昇って入口扉から直径 2 m の円柱内に入り，螺旋階段を昇って上部の観測室に入る．観測室から陸上施設まで海底ケーブルが埋設されている．

防災の基礎的な研究用に当時の総理府科学技術庁によって 1965 年に建造された（図 13.1）．

そうして AMTEX では，大気安定度が中立でないときにも利用できる海面バルク法（Kondo, 1975）を用いて東シナ海および周辺海域における日々の熱収支量の分布図を作成することができた（Kondo, 1976b）．

波のある海面上の風速は対数則に従わない？

当時，海面上での観測に際して難しい問題があった．大気安定度が中立に近いとき陸面上の風速鉛直分布はいわゆる「対数則」に従うが，海面上では波のすぐ上の数m以下では対数則に従わず風速は大きい方へ曲がる「キンク」（遷移層）がある，ということが古くから一部で言われていたが，それを支持する論文が 1960 年代に世界中で次々に発表された．キンクの存在の有無で「バルク法」が根本的に変わってくる．そのため，キンクの有無について研究し，キンクは存在しないことを明らかにした．その方法は次の通りである．

「キンク」は風速計の動特性から生じる誤差によるものと疑い，理論的に誤差であることを示した（Kondo *et al.*, 1971）．風速計の動特性とは，当時，使われていた風杯式風速計（3個の半球形カップの風速計）は，風速が一定のときは正確に測れるが，風速が時間的に強弱変動するとき，強風になるときの追従時間は短いが，弱風になるときの追従時間が長いために，平均風速は強めに観測される特性のことである．

さらに，「キンク」は存在しないことを観測によっても確かめる必要があり，独特な観測方法でそれを確認した．独特な方法とは，軽量で追従性のよい3個の風速計を一体支柱に下端から0.0 m，0.6 m，1.8 mの位置に固定する．他の1個は高度6 mに設置しておく．一体支柱を上下に動かせば，たとえば海面上の0.3 m，0.9 m，2.1 m，6 mの風速を測ることができる．続いて，一体支柱を上げて，4.0 m，4.6 m，5.8 m，6 mの風速を測れば，この高度範囲では風速鉛直勾配が小さいので風速計相互の器差が狂っていないかチェックできる．この方法を繰り返せば海面上の風速の鉛直分布を正確に測ることができる．この観測で用いた軽量で追従性のよい風速計は，筆者が開発した測器である．

図13.2は風速鉛直分布の「キンク」を否定する観測の例であり，大気安定度が中立のときは，波のある海面上でも風速は対数則に従うことを証明した（Kondo *et al.*, 1972）．

その他，観測塔そのものが風の流れを変えるので，風速計はどの方向に塔からどれだけ離した位置に設置すべきかを決めるために，観測塔の周辺の風速分布について，実物と1/12の模型，および理論計算によって調べた（Kondo and Naito, 1972）．この結果を利用して，風速の鉛直分布を観測するときは，観測塔本体の影響のない方向（風に向かって45° ±10° の斜め前方向），塔の中心軸から12 m離れた位置に風速計を取り付けた．

そのほか，風の摩擦力（風に及ぼす地表面の摩擦力）によって，海面表層が風下方向より少し右よりに流される「吹送流」の表面流速を知る必要がある．吹送流が風速に比べて無視できない大きさであるならば，風速を表わす座標の原点が違ってくるので，確認が必要である．紙片や微小ブイを使って海面と深さ0.1 m（および1 m）の吹送流の差を観測した．風と無関係に流れている海流の影響を除くために，吹送流の差を求めたのである．吹送流の差と大気中の摩擦速度が密接な関係にあることがわかった（近藤ほか，1974；

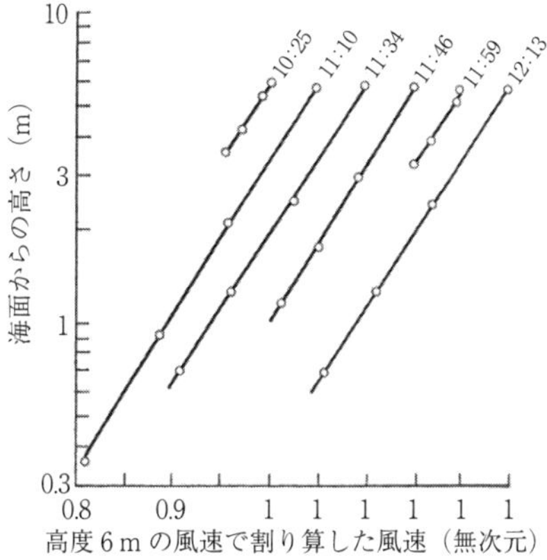

図 13.2　風速計を上下させながら連続して観測した海面上の風速鉛直分布．縦軸は高さの対数目盛である．横軸は高さ 6 m の風速で割り算した値で，分布ごとに横軸を 0.05 ずつ右方へずらしてある．プロット上端の数値は観測時刻である（Kondo *et al.*, 1972）．

Kondo, 1976a）．ここに，摩擦速度 u^* とは τ を海面に働く摩擦力，ρ を空気密度としたとき，$u^* = (\tau/\rho)^{1/2}$ で定義される風速の単位（m/s）で表わされるパラメータである（後掲の式 13.3）．わかりやすく説明すれば，吹送流の表面流速は高度 10 m の風速の約 2% である．

参考：海面の粗度と砕波

地表面（陸面，海面）上の風速の鉛直勾配は「空気力学的な粗度」z_0 の関数であり，z_0 は地表面にある草や積雪粒子などの幾何学的な高さと分布密度によって決まる（第 5 章）．海面には波（風波，うねり）のほか，強風になると砕けて微細波が発生し，白波（砕波）が見える．風波の波長は数十 m 程度であり，大まかに波長＝100 m とすれば波速＝12.5 m/s，周期＝8 秒である．うねりでは波長と周期はさらに長い．波高は風速と吹走距離とともに高くなり，10 m 以上になることもある．こうした波高の大きさによって海面の粗度が決まるのではない．筆者ら（Kondo *et al.*, 1973）は強風になるほど，砕波による海面の細かな起伏 h（幾何学的粗度）が大きくなることを高周波微細波の測れる波高計をつくって観測した．砕波の周期は0.1秒前後（4～30 Hz），振幅は1 cm 前後である．これら高周波成分は風速とともに大きくなることを確かめた．波の高周波成分のうち，白波は目視できるので，観測塔の上から写真撮影によって白波が海面に占める面積率と寿命（生存時間）も測定した．目視できる白波は高度10 mの風速が5 m/s 以上で発生し，風速とともに増加し，風速15 m/s で面積率＝1％となる．個々の白波の寿命は0.3～3秒である．地表面が流体力学的になめらかな面か粗面であるかの原理と，砕波の代表的な高さとの関係から，風速が2～3 m/s 以上になると海面の粗度 z_0 は流体力学的になめらかな面からしだいに粗面に変化することがわかった．すなわち，海面の粗度は砕波の高さによって決まる．

海面熱収支量をパラメータ化する

図13.3は前記の準備研究のほか，大気安定度と風速・気温の鉛直分布の研究を統合して出来上がった水面のバルク係数と風速の関係である．

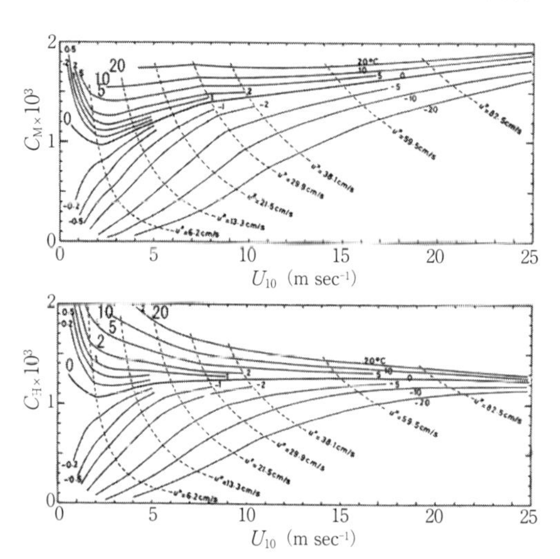

図13.3　水面のバルク係数と高度10 m の風速 U_{10} との関係．上：運動量輸送（摩擦力）のバルク係数 C_M，下：顕熱輸送のバルク係数 C_H．潜熱輸送のバルク係数 C_E は近似的に C_H に等しい．実線につけた数値は水面温度 T_s と高度10 m の気温 T の差（℃）である（Kondo, 1975）．

図 13.3 に示す実線につけた数値は海面温度と高度 10 m の気温の差（T_s-T）（℃）であり，プラスは大気安定度が不安定，マイナスは安定なときである．冬の東シナ海，特に黒潮流域では水温が高く（T_s-T）は平均で 5～7℃，大陸からの寒気吹き出し時は 10℃以上の不安定になる．バルク係数は大気安定度によって大きく変わることが示されている．

図 13.3 に描かれた大気安定度が中立（$T_s-T=0$）のときのバルク係数 C_H, C_E，C_M が正しいことは，多数の研究による乱流輸送量の直接観測から確認した（近藤，1994，7.3 節）．

高度 10 m の風速 $U_{10}=2$ m/s（摩擦速度 $u^*=6.2$ cm/s）を境にしてバルク係数と風速の関係が変わるのは，海面の粗度 z_0 が微風時になめらかな面から風が強くなると粗面に変わることによって生じたものである．

気団変質実験 AMTEX では，次のバルク式を使う「バルク法」によって，日々の顕熱輸送量 H，潜熱輸送量 ιE と摩擦力 τ を求めた

$$\frac{H}{C_p\rho}=C_H U(T_s-T) \tag{13.1}$$

$$\frac{E}{\rho}=C_E U(q_s-q) \tag{13.2}$$

$$\frac{\tau}{\rho}\equiv u^{*2}=C_M U^2 \tag{13.3}$$

ここに，$C_p\rho$ は空気の体積熱容量（1 気圧，20℃で 1.21×10^3 J/Km^3），ρ は空気の密度（1 気圧，20℃で 1.19 kg/m^3），U は風速，T_s は水面温度，T は気温，q_s は水面温度に対する飽和比湿，q は空気の比湿，C_H，C_E，C_M はそれぞれ顕熱，潜熱，運動量輸送（摩擦力）のバルク係数である．なお，$C_H\fallingdotseq C_E$ としてよい．

参考：バルク係数の実験式

図 13.3 に示すバルク係数は（T_s-T）と U_{10} の複雑な関数になっている．それゆえ，たとえば連続した多量の観測データから顕熱輸送量 H，潜熱輸送量 ιE と摩擦力 τ を式（13.1）～(13.3）によって求めたいときバルク係数は実験式で表わして利用する．風速などの観測高度が 10 m でないときも換算できる（Kondo, 1975）．なお，水面では粗度 z_0 が小さく，冬の東シナ海

のように大気が不安定で（$T_s - T$）が大きい場合，バルク係数の高度依存性は弱くなる．そのほか詳細は近藤（1994）の7.3節に示されている．

参考：大気安定度が不安定で自由対流のときの交換速度

微風で大気安定度が非常に不安定なときのバルク係数 C_H は近似的に風速に逆比例する．それゆえ，微風の自然対流のときの海面（なめらかな面）における交換速度は次の式で表わされる（Kondo and Ishida, 1997）．

$$C_E U \fallingdotseq C_H U = 1.2 \times 10^{-3} (T_s - T)^{1/3} \tag{13.4}$$

単位は $C_H U$：m/s，$T_s - T$：℃

参考：なめらかな面と粗面

流体力学的に，地表面はなめらかな面と粗面に分類される．平板上の流れについて考えれば，平板に接する最下層には厚さ δ の層流層があり分子粘性が働く．δ は風速（摩擦速度）に逆比例し，風速が強いほど薄くなる．平板面上に幾何学的な粗度 h（微細な起伏）があっても，h が δ に比べて無視できるとき，流体力学的になめらかな面という．なめらかな面では，流体の粘性によって風に対して摩擦抵抗（粘性抵抗）が働く．一方，粗面では，粗度 h が δ より十分に大きくなり，微細な起伏の前後にできる圧力差で圧力抵抗が生じ，それが摩擦抵抗に加わることで流体抵抗（摩擦力 τ）が大きくなる．なめらかな面と完全な粗面の中間を遷移域という．水面上では，U_{10} を高度10 mの風速としたとき，大気安定度が中立のとき，2 m/s＜U_{10}＜8 m/sの範囲が遷移域である（Kondo, 1975）．

「気団変質実験 AMTEX」の観測

冬の東シナ海で国際協力研究「気団変質実験 AMTEX」が1974年と1975年の2月に行なわれた．海面から大気への顕熱・潜熱輸送量のパラメータ化が適用できるか，確認することが目的のひとつであった．一般に行なわれている陸上での熱収支の観測と違って，海面から水中へ入る熱量 G（貯熱量：海水温度を上昇させる熱エネルギー）が陸地に比べて大きいことと，海洋運動（海流と渦運動）による海洋熱輸送の収束量が特に黒潮流域では世界でも

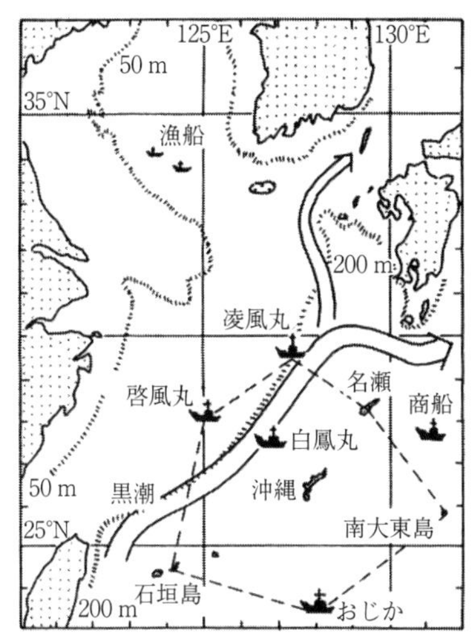

図 13.4　東シナ海周辺の地図．幅の広い矢印は黒潮の軸，破線で囲む六角形は気団変質実験の高層気象観測網（近藤，1987，図 12.2 より転載）．

っとも大きいことにより，観測とデータ解析が難しいことが予想された．

図 13.4 は AMTEX が行なわれた東シナ海周辺の地図である．AMTEX では，観測船 4 隻が参加し，沖縄の那覇をとりまく 6 か所ではラジオゾンデによる高層気象観測が行なわれた．多くの商船や漁船からは 3 時間ごとに気象観測データが送信されてきた．これら海上の観測データを用いて 3 時間ごとの天気図を作成し，同時に東シナ海および周辺海域における顕熱・潜熱輸送量の分布図を作成した．AMTEX'74 では 13 日間，AMTEX'75 では 14 日間の観測が行なわれた．

海面から大気への熱輸送の量

大気安定度が中立でないときも含むバルク係数を用いたバルク法による顕熱と潜熱の輸送量（$H+\iota E$）の日々の値は，ラジオゾンデによる高層気象観測網の試験海域における「大気収支法」（高層気象観測網に囲まれた鉛直気柱内に水平方向から出入りする熱と水蒸気量の収支から海面の $H+\iota E$ を求める方法）による（$H+\iota E$）の日々の値（Nitta, 1976; Murty, 1976）とほぼ

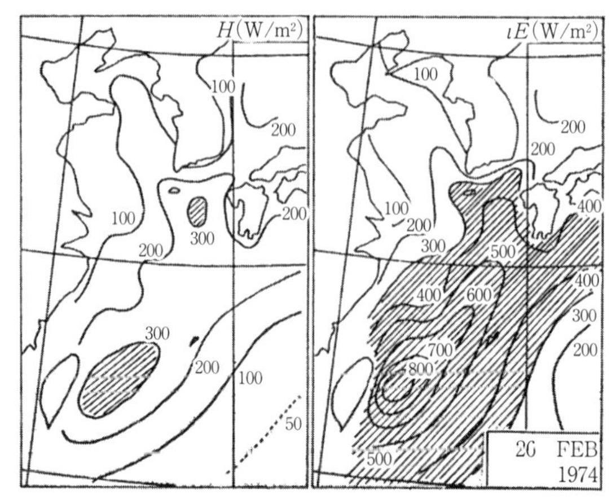

図 13.5　AMTEX 期間中の 1974 年 2 月 26 日における東シナ海および周辺海域における海面から大気への顕熱輸送量 H（左）と潜熱輸送量 ιE（右）の分布図．単位は W/m²（Kondo, 1976b）．

一致した．また，1974 年の 13 日間および 1975 年の 14 日間平均では，バルク法と大気収支法による $H+\iota E$ は，それぞれ 3%および 1%の違いで一致した（Kondo, 1976b）．なお，大気収支法では試験海域の鉛直気柱内における雲の発生量（鉛直気柱内における水蒸気の凝結に伴う潜熱の放出量）が不明のため，$H+\iota E$ を分離することができず，両者の合計量（$H+\iota E$）のみが得られる．

図 13.5 は 1974 年 2 月 26 日の顕熱輸送量 H（左図）と潜熱輸送量 ιE（右図）の分布図である．黒潮に沿う海域では ιE が大きく，台湾の東方では $\iota E>800$ W/m^2（蒸発量 $E>28.2$ mm/d），また $(H+\iota E)>1100$ W/m^2 である．1100 W/m^2 は大気上端において地球に取り込まれる太陽放射量の地球平均値 235 W/m^2 の 4.6 倍である．この時期は海面水温が高いことによって，正味放射量 R_n は 40 W/m^2 前後（プラスは海面へ入るとき）であり，海中の貯熱量 G（プラスは水温上昇，マイナスは水温下降）（図 13.6 左）は -150 ～ $+100$ W/m^2 である．注目すべきは，大陸に近い海域では G はマイナス（水温下降域）であるが，台湾の東方から北に向かう黒潮流域では，2 月に水温の上昇が始まっている（G がプラス）．

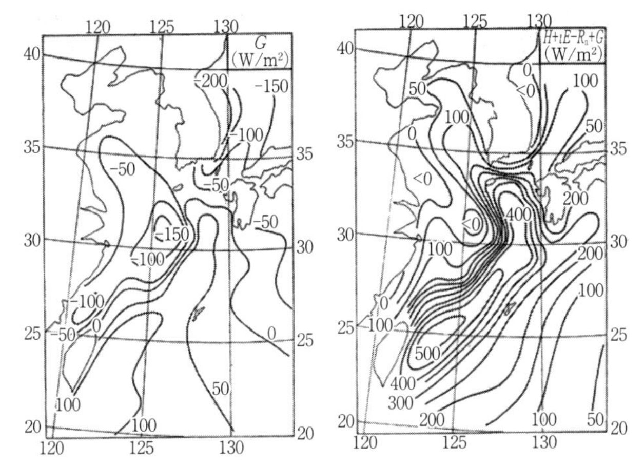

図 13.6　AMTEX 期間中の 1974 年 2 月 14 ～ 28 日の 15 日間平均の熱収支量の分布．左：海中の貯熱量 G（プラスは水温上昇，マイナスは水温下降），右：海洋の水平運動（海流と渦運動）による海洋熱輸送の収束量（$H+\iota E-R_{\mathrm{n}}+G$）の分布，単位は $\mathrm{W/m^2}$（Kondo, 1976b）．

黒潮による海洋熱輸送の量

長期間平均でも，（$\iota E+H$）が R_{n} や G に比べて非常に大きくなるのはなぜか？

図 13.6 右は（$H+\iota E-R_{\mathrm{n}}+G$）の 1975 年 2 月の 15 日間平均の分布図である．湖や海流の影響がない海域での熱収支式は（$H+\iota E-R_{\mathrm{n}}+G$）≒0 となるが，東シナ海の黒潮流域では 400 ～ 500 $\mathrm{W/m^2}$ の大きさとなっている．すなわち，（$H+\iota E-R_{\mathrm{n}}+G$）$=\Delta F$ とすれば，ΔF は海洋の水平運動（海流と渦運動）による海洋熱輸送の収束量である．この $\Delta F=400$ ～ 500 $\mathrm{W/m^2}$ は，那覇の全天日射量（水平面日射量）の年平均値 168 $\mathrm{W/m^2}$ の 2.4 ～ 3.0 倍に相当し，非常に大きいことがわかる．

図 13.7 は海洋熱輸送の収束量 ΔF も含めた熱収支の模式図である．ΔF の値が AMTEX によって，はじめて明らかにされたのである．すなわち，東シナ海周辺では，黒潮による南からの大きな海洋熱輸送の収束量があり，それが海面から大気へ運ばれる顕熱と潜熱に変換され，大陸からの寒冷乾燥気団が温暖湿潤な気団に変質されているのである．なお，図 13.7 で注意すべき

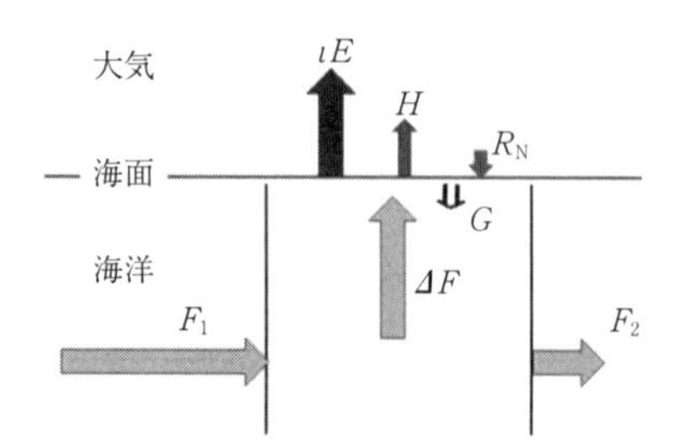

図 13.7　海洋運搬熱と海面の熱収支の模式図．ιE は蒸発による潜熱輸送量，H は顕熱輸送量，R_N は正味放射量，G は海中の貯熱量（水温上昇に使われる熱），ΔF は海洋熱輸送の収束量である．

ことは，正味放射量 R_N が他の熱収支量に比べて小さいことである．その理由は，冬の季節風が吹く東シナ海と周辺部では，気温に比べて海面水温が高いことと，雲が多い（日射量が少ない）ことによる．

図 13.8 は気団変質の模式図である．大陸から寒冷乾燥気団が暖かい海上へ吹き出すと，海面から多量の熱（顕熱 H）と水蒸気（潜熱 ιE）が供給される．ボーエン比 $H/\iota E$ は北緯 35°～40° の黄海では 0.8 であるが，南下にしたがって小さくなり，北緯 20° 付近では 0.1～0.2 となる．

南下につれてボーエン比が小さくなる過程を要約すれば，大陸から海上に出たばかりの空気は温度が低いため飽和水蒸気量が小さく水蒸気を多量に含むことができないために（第 8 章のボーエン比の温度依存性），まず顕熱を

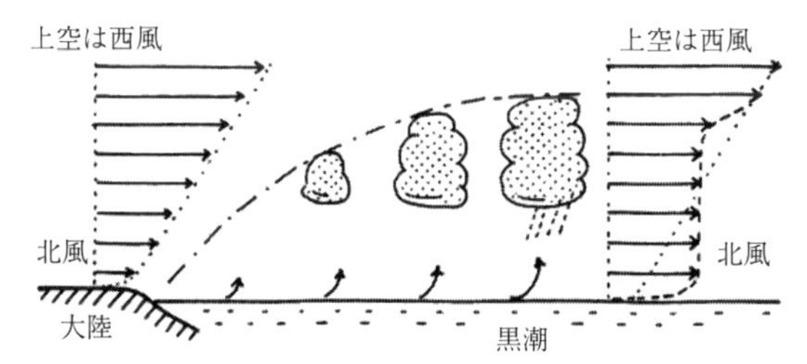

図 13.8　気団変質の模式図．一点鎖線は「大気混合層」の上端を表わし，大陸沿岸からの距離とともに高くなる．大気混合層内は対流による鉛直混合が盛んな層であるが，その上の大気は非常に安定である（近藤，1987，図 12.6）．

もらいながら南下するにしたがって高温になり，そうして水蒸気（潜熱）を多量にもらって高温湿潤大気へと変質する．下層ほど高温湿潤で下層大気は不安定化し，対流によって熱と水蒸気は上方へ運ばれて積雲が発生し，ときには雨を降らせる．水蒸気が雲になるとき潜熱が放出されて大気は昇温する．

対流の盛んな大気混合層内における混合作用は，風速の大きさを鉛直方向に一様化する．この一様化作用によって上空の強風が降りてきて海面近くの風速を増加させる．その結果，海上風速は大きくなり，顕熱と潜熱の交換がますます盛んになる．

そうして，大陸からの寒冷乾燥気団の吹き出しが一段落すると，東シナ海では風速は弱く気温が高い状態となる．このとき，上層の偏西風波動の気圧の谷が中国大陸上から東進してくると，その前方に相当する東シナ海で低気圧が発生する．気圧の谷および低気圧の東側では，強い南風によって亜熱帯海域からの暖気が黒潮海域に進入する．低気圧の中心付近では気流が収束し，上昇気流が生じて積乱雲が発達し，熱と水蒸気が上空へ運ばれ，水蒸気の凝結によって対流圏中層では潜熱の放出で大気は加熱される．低気圧の発達は，上層の偏西風波動の不安定によって起きるのであるが，対流圏中層での潜熱の放出は低気圧をいっそう発達させる効果がある（二宮，1980）．

むすび

世界中で起きた数値天気予報の精度向上の機運から，冬の東シナ海で国際協力研究「気団変質実験（AMTEX）」が計画された．1974 年には，日本から約 200 名，アメリカから 10 名，オーストラリアから 4 名が参加した．この研究では，特に海面・大気間の顕熱・水蒸気（潜熱）交換量を高精度で求めることが重要となり，筆者らはその準備研究を十分に行なったのち，本観測を行なうことができた．

AMTEX から，地球の気候は，大気と海洋を含めた地球全体における熱エネルギーの鉛直および水平方向への流れによって成り立っていることが理解できた．

参考文献

近藤純正，1987：身近な気象の科学——熱エネルギーの流れ．東京大学出版会，pp. 208.

近藤純正（編著），1994：水環境の気象学——地表面の水収支・熱収支．朝倉書店，350pp.

近藤純正・内藤玄一・藤縄幸雄，1974：風による海洋最上層の流速．国立防災科学技術センター研究報告，No. 10，67-82.

二宮洸三，1980：AMTEX 海域の気団変質の解析的研究．海洋科学，**125**，182-188.

Kondo, J., 1975: Air-sea bulk transfer coefficients in diabatic conditions. *Bound. Layer Meteor.*, **9**, 91-112.

Kondo, J., 1976a: Parameterization of turbulent transport in the top of the ocean. *J. Phys. Oceanogr.*, **6**, 712-726.

Kondo, J., 1976b: Heat balance of the East China Sea during the Air Mass Transformation Experiment. *J. Meteor. Soc. Japan*, **54**, 382-398.

Kondo, J. and G. Naito, 1972: Disturbed wind fields around the obstacle in sheard flow near the ground surface. *J. Meteor. Soc. Japan*, **50**, 346-356.

Kondo, J., G. Naito and Y. Fujinawa, 1971: Response of cup anemometer in turbulence. *J. Meteor. Soc. Japan*, **49**, 63-74

Kondo, J., Y. Fujinawa and G. Naito, 1972: Wave-induced wind fluctuation over the sea. *J. Fluid. Mech.*, **51**, (part 4), 751-771.

Kondo, J., Y. Fujinawa and G. Naito, 1973: High-frequency components of ocean waves and their relation to the aerodynamic roughness. *J. Phys. Oceanogr.*, **3**, 197-202.

Kondo, J. and S. Ishida, 1997: Sensible heat flux from the Earth's surface under natural convective conditions. *J. Atmos. Sci.*, **54**, 498-509.

Murty, M. K., 1976: Heat and moisture budgets over AMTEX area during AMTEX '75. *J. Meteor. Soc. Japan*, **54**, 370-381.

Nitta, T., 1976: Large-scale heat and moisture budgets during the AMTEX. *J. Meteor. Soc, Japan*, **54**, 1-14.

付録　大気境界層・熱収支水収支論の発展史

本書のまとめとして，この付録では，1900年初期から現在までの100年余にわたり行なわれてきた研究について概観する．

(I) 1900年代初期の研究

約100年前には，日露戦争（1904～05年），第一次世界大戦（1914～18年），ロシア革命（1917年），関東大震災（1923年），太平洋戦争（1941～45年）があった．

この時代にテイラー（G. I. Taylor）が1915年に発表した「大気中の乱渦運動」（Eddy motion in the atmosphere）の論文では，夏の北大西洋における気団変質の研究で凧を用いて観測した高度1000 mまでの気温鉛直分布から，大気中の風の乱渦運動（乱流）による熱輸送は少なくとも高度770 mの上空でも生じていることを見いだした．そして，空気塊が混合するまでに動く距離「混合距離」の概念を用いて大気境界層内の温度拡散係数を求めた．また，パリのエッフェル塔の高度302 mまでの4高度の気温の日変化の観測から温度拡散係数の高度依存性と季節による違いを求めた．(1) 冬は高度100 m以下の層に拡散係数の最大値があるのに対し，夏は上空ほど拡散係数が大きい，(2) 拡散係数は風速にほぼ比例する，(3) 拡散係数は海上に比べて陸上で大きいことを明らかにした．

大気境界層（地表面の摩擦の影響のある高度500～2000 m以下の大気層）における熱や水蒸気など，各種物理量の鉛直輸送は時間的に変動する風の乱流によってなされる．この乱流輸送のモデルはすでに1900年代初期にテイラー（G. I. Taylor）やブラント（D. Brunt），プラントル（L. Prandtl）らによって確立された（近藤，1982，p. 30～35）．

大気境界層の最下層の接地層（高度数十 m 以下の大気層）では，混合距離が高さに比例するという仮定から風速の鉛直分布は「対数則」に従うこと，すなわち，風速を高さの対数目盛のグラフにプロットすると直線上にのることもわかっていた．

一方，成層圏が 1902 年に発見されてから，成層圏の成立に関する研究が始まり，大気放射学の発展につながる．波長 3 ～ 100 μm 範囲にほとんどのエネルギーが含まれる長波放射は，水蒸気や二酸化炭素など温室効果ガスによって吸収されると同時に温室効果ガス自体が長波放射を射出する．その吸収率・射出率は波長によって異なるため，解析的に解くことができず，数値計算には長い時間がかかる．それゆえ，吸収係数が波長によらないと仮定するなど簡単化して，エムデン（Emden, 1913）は地球大気の放射平衡（放射のみを考えたときの平衡状態）の気温鉛直分布を求めた．その結果，成層圏ではほぼ等温となるが，対流圏では下層の気温の高度減率が大きくなり，対流が起きうる不安定な気温鉛直分布が得られた．

（II）1950 年代のころの研究

大気放射学

電子計算機（computer）のない時代には，長波放射の計算は手回し計算機と計算尺，あるいは日本ではソロバンによって行なわれていた．その計算には長時間を要するため，図式計算法が考案された．エルサッサー（Elsasser, 1942），ロビンソン（Robinson, 1950），ディーコン（Deacon, 1950），山本義一（Yamamoto, 1952）はそれぞれ放射図を作った．放射図に描かれた面積が上向きの放射量と下向きの放射量を表わし，各高度の気温や雲の影響が直感的にわかる．これらの放射図の中で合理的に作られ，もっとも正確に計算できるのが山本の放射図であり，現在でも利用価値は高い．太平洋戦争後の研究費の少ない時代，山本義一は理論研究に重点をおいたのである．なお，山本の放射図は，その後，水蒸気量の多い熱帯海洋上では下向き放射量が小さく計算されることがわかり，補正が必要となった（近藤，1994，表 4.5）．それは，吸収率・射出率の小さい波長 8 ～ 12 μm 範囲（窓領域）についての取り扱いが十分でなかったことによる．

上向き放射量と下向き放射量の差を正味放射量と言う．接地層内では，長波放射の正味放射量は150 W/m^{2}以内の大きさであり，また，高さ10 mの違いによる正味放射量の差は1～2 W/m^{2}以内である．1～2 W/m^{2}の違いを観測から見いだすことはほとんど不可能であるが，これは計算によって知ることができる．

放射に関する基礎研究が進み，1956年にプラス（Plass, 1956）は大気中の二酸化炭素濃度が2倍になれば温室効果で地球上の平均気温は3.6℃上昇，濃度が半分になれば3.8℃低下することを発表した．当時はかなりショッキングなものであった．

筆者の恩師・東北大学の山本義一（1909-1980）は『大気輻射学』（1954）を著し，放射学を普及させた．大気の数値モデルに放射過程が組み込まれるようになり，地球温暖化・気候変化の研究が飛躍的に進むことになる．同じ1954年には東京大学の正野重方（1911-1969）は『気象力学序説』を著した．山本は物理過程の研究において，正野は力学過程の研究において戦後の日本における気象学で指導的な役割を果たした．

電子計算機が実用化される時代となり，水蒸気，二酸化炭素，オゾンなど吸収物質（温室効果ガス）の高度分布と放射に対する吸収・射出の波長依存性も考慮して，真鍋とストリクラー（Manabe and Strickler, 1964）は厳密な計算を行ない地球大気の「放射平衡」の気温分布を求めた（第1章，図1.3）．さらに真鍋とウェザーオール（Manabe and Wetherald, 1967）は対流圏における対流の効果も取り入れた「放射・対流平衡」の気温分布を計算し，二酸化炭素濃度が150 ppmのときを規準として300 ppmに，さらに600 ppmに増えたときの地球大気の気温分布を求めた．雲量の変化はなしとし，絶対湿度を固定したとき地表面温度は規準温度から+1.25℃（300 ppm），+2.58℃（600 ppm）の上昇となる．一方，相対湿度を固定したときは規準温度から+2.28℃（300 ppm），+4.64℃（600 ppm）の上昇となることを示した．これら眞鍋淑郎らの計算が，今日の地球全域の地球温暖化・気候変動問題の詳細な計算につながる．

接地層における相似則とKEYPSの式

接地層内の乱流輸送について，サットン（Sutton, 1953）は教科書『Micrometeorology』を著している．この時代，ソビエトでは農業水利・水文学の研究が盛んに行なわれた．モニン・オブコフ（Monin-Obukhov, 1954）が提案した相似則では，乱流輸送に関する平均値を含む風速など各種統計量は，地表面上における3つの基本的なパラメータ（摩擦速度，摩擦温度，安定度スケール）を用いた普遍関数「シアー関数」（鉛直勾配を表わす関数）で表現される．ただし，これら3つのパラメータが高さによらず近似的に一定とみなされる高度の範囲「接地層」に限られる．相似則から予想される普遍関数の形は，大気安定度が中立に近いときと，非常に不安定なときと，非常に安定なときの漸近式だけが示された．たとえば，安定度が中立に近いときの風速鉛直分布は「対数分布＋直線分布」（最下層で対数分布，その上層では直線分布を加えた形）となる．この分布式は低高度にしか応用できない．これら漸近式を補完する関係式はできていなかった．そのため，相似則を利用して乱流輸送量を諸条件について求める実用化は数年～10年後のことになる．

一方，ブディコ（Budyko, 1956）は地表面の熱収支気候学に関する教科書『地表面の熱収支』を著した．世界の熱収支分布を求めることが主目的であり，正味放射量の月平均値・年平均値のグラフや地図が示された．この教科書の訳本は，当時の農業技術研究所（後の農業環境技術研究所，現在の農研機構）の内嶋善兵衛によって出版された．内嶋は当時，放射学ですでに使われていた正味放射量（net radiation）を純放射量と訳したため，農学分野では純放射量が多用されることになった．

日本では，太平洋戦争の戦中は食糧が不足し，そして戦後は復興のため電力が不足となり計画停電や突発的な停電が連日のように頻発して復興の阻害要因となっていた．当時の発電は主に水力発電であり，発電用の水確保を目的に，東北大学，東京大学などは各地で人工降雨の実験を開始した．当時は貧しい研究費の時代，電力会社からの委託によるものであった．これが雲物理，降水の物理の発展へとつながる．

人工降雨の実験に続いて，東北大学では，東北電力からの委託で発電所の貯水池として使われていた十和田湖（直径は約8 km，面積は60 km^2，周囲は44 km，平均水深は80 m，最大水深は327 m）の蒸発量を求める研究を1956年から開始した．仮に年蒸発量が1000 mm/yだとすれば，十和田湖の水の損失量は6千万トンであり，水資源の有効利用のために蒸発量を知る必要があった．

その当時，地表面（水面）の蒸発量 E（潜熱輸送量 ιE）や顕熱輸送量 H を求める方法としてソーンスウエイト・ホルツマンの式（Thornthwaite and Holzman, 1939）が使われていた．これは，地表面上の2高度の気温差，比湿差，風速差を観測して ιE と H を求める方法である．この方法とは別に，一般に使われていた直径20 cmの小型蒸発計と直径1.2 mの大型蒸発計による観測も行なった（Yamamoto and Kondo, 1964）．当時，冬の十和田湖への道は深い積雪で閉ざされる．奥入瀬渓流の三里半（約14 km）の道程はスキーを履いて登った．

湖面上の気温，比湿，風速の連続観測の記録から蒸発量を計算してみると，冬には蒸発量が少なくなった．しかし，十和田湖の水深は深く，冬には水温が気温に比べて高く，湖面上には霧の断片が現れ，湯気が立ち昇るかのように見える．実際の蒸発量は計算値よりも多いに違いない？　ソーンスウエイト・ホルツマンの式では真値は得られないと疑った．そうして，平らな岩盤が広がる広い浅瀬（大畳石）に高さ7 mの2本の観測ポールを立てて5高度の気温，水蒸気量，風速を観測してみると，それまでに知られていた風速などの鉛直分布を表わす式は不正確であることがわかった．山本義一は大気安定度が中立でないときの風速鉛直分布を表わす論文を発表した（Yamamoto, 1959）．この時代，同じことが世界中で問題となり，前記の普遍関数「シアー関数」を決めるキープス（KEYPS）の式が独立した5つの論文によって発表された．K：Kazansky and Monin（1956），E：Ellison（1957），Y：Yamamoto（1959），P：Panofsky（1961），S：Sellers（1962）である．

（Ⅲ）1960 ～ 2000 年の研究

1900年代後半のうちの1960年代から1980年代までは世界中で大気境界層の研究が盛んに行なわれ，地表面から大気への顕熱輸送量 H と潜熱輸送量 ιE，および地表面の風に及ぼす摩擦力 τ（風速の鉛直勾配で生じる空気の粘性による抵抗力）がほぼ正しく評価されるようになった時代である．

KEYPSの式を湖面上に応用するときに必要となるパラメータは観測から

求めた（Kondo, 1962a）．この観測では，広い平坦地が必要で，自衛隊の飛行場に高さ 11 m の観測ポール 2 本を立てて行なった．航空の邪魔にならない場所にテントを張り，その中に風速と気温の記録装置を置いた．この観測によれば，KEYPS の式から得られる普遍関数は大気安定度が安定なとき（夜間），正しくないことがわかった．その正確な結果は，その後近藤ら（Kondo *et al.*, 1978）によって明らかにされ，大気安定度が強い安定なとき（風の弱い晴天夜）は長波放射の影響が支配的になることがわかった（第 4 章，図 4.1）．

カルマン定数

モニン・オブコフ（Monin-Obukhov, 1954）の相似則は接地層の研究を盛んに行なう刺激となり，アメリカでも 1968 年夏，多数の研究グループが参加してカンザス州の農耕地において総合的な観測が行なわれ，普遍関数の実験式も得られた．その中で，ブシンガーら（Businger *et al.*, 1971）はカルマン定数として $k=0.35$ を得た．そのため，$k=0.35$ が世界標準だという時代があった．ここに，カルマン定数とは，大気安定度が中立のとき，接地層における風速鉛直分布と地表面に作用する摩擦力を結びつける係数であり，もとは風洞など実験室で得られた $k=0.4$ が野外でも成立するとして 1940 年代から用いられてきた．0.4 と 0.35 は 14％の違いであるが，顕熱・潜熱輸送量の計算で k^2 を含む式を用いる場合があり，そのときは 30％の違いが生じる．$k=0.35$ が正しいのか？　ブシンガーらが利用した観測塔の写真を見ると，超音波風速計の近くに大きな障害物があり，乱流量が正しく観測されていないのではないか？

そこで筆者と佐藤威（Kondo and Sato, 1982）は広い水田地帯で稲刈り後の 1977 年から 1980 年までの 4 年間にわたり特別の注意を払い高精度（誤差 2％の精度）の観測を行なった．大気安定度が中立で，高度 22 m 以下の風速鉛直分布が対数則に従うとき，1 ラン 30 分の観測の合計 259 ランから，さらに条件を厳選した 175 ランから得た値として，$k=0.39\pm0.03$ であり，乱流の性質から標準偏差 7％のバラツキをもつことを発表した．

超音波風速計はプローブ（直径 1 ～ 2 cm の棒形の音波の発信・受信部）自体が風の場を変形させ乱流統計量の測定誤差が生じる．プローブはまったく同一形に作ることができないので，風向きによっては真の風が歪む．3 次元の超音波風速計を風洞の中へ入れ，風に対する仰角・方位角を順番に変えながら出力を記録する．その記録から，超音波風速計の角度特性が正しいか否かを調べ，補正曲線を求めた．この補正曲線を使って野外観測の生データを補正した．

また，風杯式風速計の時定数は，風速が弱くなるときには強くなるときに比べて長くなる特性をもち，乱流中では平均風速が強めに観測されるという避けがたい誤差がある．通常，多くの研究者はこれらを補正しないが，筆者らは補正して結果を得たのである．それ以後，$k=0.35$ は消え去ってしまった．

その後，同じようにカルマン定数を求める観測が多数行なわれることになる．ガーラットとテイラー（Garratt and Taylor, 1996）が世界中で求められたカルマン定数をまとめてみると，$k=0.37$ ～ 0.41 の間にあり，筆者ら（Kondo and Sato, 1982）の $k=0.39$ はちょうど真ん中に入っていることがわかった．

非常に安定なときの放射の役割

上記のカンザス州における総合的な観測からブシンガーら（Businger *et al.*, 1971）は普遍関数の実験式も得ている．しかし，筆者が以前に行なった研究（Kondo, 1962a）から，大気安定度が安定で，$Ri>0.2$（$z/L>0.5$）のときのブシンガーらの結果に疑問をもった．ここに，Ri は安定度を表わすリチャードソン数，z は高さ，L はオブコフの安定度スケールである（第 5 章）．筆者ら（Kondo *et al.*, 1978）による詳細な観測によれば，$Ri>0.2$ で乱流は間欠的になり，$Ri>1$ のときには波動は生じても乱流による顕熱・潜熱輸送はほぼゼロとなり，長波放射の影響が支配的になることがわかった（第 4 章）．つまり，非常に安定なときは，乱流で決まるとされた相似則・普遍関数は意味がなくなり，長波放射の働きで気温の時間変化・鉛直分布が決まる．なお，大気安定度が非常に安定になるのは稀なことではなく，強風でない晴天夜の平坦地ではよくある条件である（放射冷却が大きくなる条件）．なお，非常に安定なとき，顕熱輸送量が近似的に一定と見なされる「接地層」は高度 1 m 以下となる．

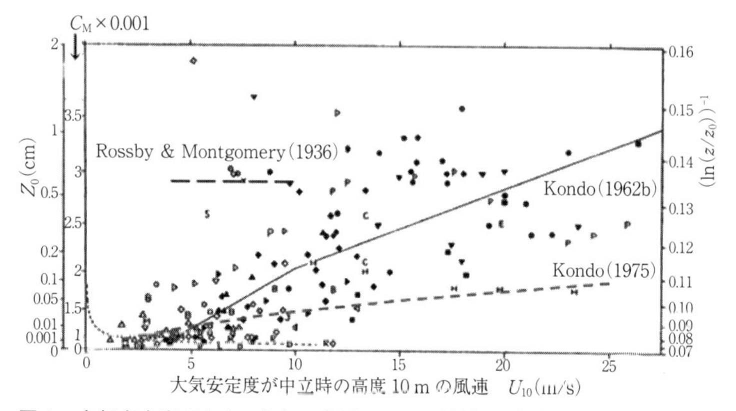

図 1　大気安定度が中立のときの水面のバルク係数 C_M と高度 10 m の風速 U_{10} との関係．縦軸の左端は粗度 z_0（平方根目盛），右端は［$\ln(z/z_0)$］$^{-1}$ の目盛である．破線（Kondo, 1975）が最終的に得られた精密なバルク係数である．

海面（水面）のバルク係数

大気安定度が中立のとき，陸面上の風速鉛直分布は対数則（高さを対数目盛のグラフに風速をプロットすると，直線上に並ぶ）が成立し，海面上でも対数則が成立するとされていた．しかし一部には，海面上では風波があるため，風速は対数則に従わず，折れ曲がり「キンク」分布になるという考えが古くからあった．大気境界層の研究の全盛時代 1960 年代に入ると「キンク」分布の論文が世界中で次々に発表された．「キンク」の有無によって海面上の乱流輸送量の評価方法が違ってくるので，これを確認することになり，「キンク」分布は風速計の動特性による誤差であることを理論的な計算で示した．同時に動特性のよい軽量の風速計（回転速度を光の透過・遮断で測る風杯式 3 杯微風速計：風速＝0.08 ～ 20 m/s）を用いて，工夫した観測方法によって「キンク」は存在しないことを示した（第 13 章）．これはホトトランジスター（光検出器）が発明・実用化された時代であった。

図 1 にプロットされた値は 1905 ～ 1960 年に発表されていた国際誌 26 論文のまとめであり，高度 z＝10 m における風速 U_{10} とバルク係数 C_M との関係である（Kondo, 1962b）．ここに，C_M は海面の摩擦力（運動量輸送）に対するバルク係数である．各プロットは，各論文のバルク係数 C_M の値であり，(0.5 ～ 4)×0.001 の範囲にばらついている．つまり，摩擦力を計算すると最

大8倍の差が生じる．この中で，特にロスビーとモンゴメリー（Rossby and Montgomery, 1936）による $C_M = 0.0029$（または粗度 $z_0 = 0.6$ cm）（水平の破線）が広く使われていた．

山本と近藤（Yamamoto and Kondo, 1964）は1956年から十和田湖の蒸発量を求める研究を行なっていた．前記したように，当初はソーンスウエイト・ホルツマンの方法（Thornthwaite and Holzman, 1939）を用いていたが，大気安定度が近似的に中立でない条件では適応できないことに気づき，大気安定度を考慮したバルク法を利用することに変更した．そのバルク法に用いた大気安定度が中立時のバルク係数は，図1の多数プロットの平均を結んだ実線であった（Kondo, 1962b）．なお，高度10 mの風速 U_{10} が3 m/s以下の範囲は，なめらかな面に対するバルク係数（点線）である．

図1に示す斜めの破線（Kondo, 1975）は，その後の詳細観測から得た大気安定度が中立のときの精密なバルク係数 C_M であり，気団変質実験AMTEXに利用した（第13章の図13.3）．多数の研究者による平均を示す実線と，正確な斜めの破線（Kondo, 1975）を比較すると，$U_{10} > 8$ m/sの範囲で大きく違う．このことから，多数の結果（学者の常識）が不正確・間違いのこともある．こうした例は多く，それを正すことが学問の発展である．

なお，1963年ころまでは，摩擦力に対するバルク係数 C_M と顕熱・潜熱輸送に対するバルク係数 C_H，C_E に大きな違いはないとしていた．わずかな違いは最下層の水面に接する薄層内の分子動粘性係数，分子温度拡散係数，分子水蒸気拡散係数のわずかな差で生じる違いである．しかし，オーウェン・トムソン（Owen-Thomson, 1963）の理論が発表されて以後，これら各バルク係数は区別するようになった．第13章でも述べたように，海面が流体力学的に粗面になると，幾何学的な細かな凹凸の前後にできる圧力差で圧力抵抗が生じ，それが表面に沿う摩擦抵抗に加わることで流体抵抗（摩擦力 τ）が大きくなる．圧力抵抗をform drag（pressure drag）という．顕熱や水蒸気の交換に対しては，圧力抵抗に相当するものがないため，海面が粗面に近づく遷移域（高度10 mの風速が2～8 m/s）と完全な粗面（高度10 mの風速が8 m/s以上）では C_H，C_E は C_M とは違ってくる（第13章の図13.3）．

要約：海面（水面）のバルク係数について，約70年をかけて精密な値が確定されて，海面の顕熱・潜熱輸送量を正確に求めることが可能となり，

1974 ～ 75 年の国際協力研究「気団変質実験 AMTEX」に利用されることになる．

備考：回転式風速計の動特性

風杯（半球状のカップ）が 3 個あるいは 4 個の回転式風速計では，回転力を大きくする目的で，風杯を支える腕（回転中心軸と風杯をつなぐ支持具）を長く作ると動特性が悪くなり，前述したように，乱流中では平均風速が強めに観測される．日本の気象観測所で 1960 年ころ以前に使われていた 4 杯のロビンソン風速計がその例である．また，1960 年ころ売り出されて多くの研究機関で利用された研究用の小型 3 杯風速計（カップの直径が約 2 cm）で観測された海面上の風速鉛直分布は「キンク」ありの論文になっていた．機器製作・販売者も研究者もともに機器の特性を理解していなければよい成果は得られない．

数値天気予報の試験開始

日本では，戦前～戦後まもなくのころは台風によって死者数百人から数千人は珍しいことではなかった．終戦の 1945 年から 14 年経ち戦後の復興も進んだ時代の 1959 年 9 月に伊勢湾台風により 5000 人余の死者・不明者が出たことから，ようやく人命重視の時代になった．当時の総理府科学技術庁は相模湾沿岸の平塚沖に世界に誇ることのできる海洋観測塔（高さは水面上 22 m，水深 20 m）を 1965 年 9 月に建造した（第 13 章の図 13.1）．当時，和歌山県白浜には京都大学防災研究所の海洋観測塔，博多湾には九州大学応用研究所の海洋観測塔，伊豆半島の伊東沖にも気象庁気象研究所の観測塔（1979 年に撤去），伊勢湾にも波浪・高潮などの研究・観測用に海洋観測塔が建設された．

このころは世界的に海洋開発ブームの時代であり，アメリカ，イギリス，フランス，オランダ等では大型の海洋観測施設が造られた．アメリカのカリフォルニア大学海洋研究所では，1962 年に FLIP（Floating Instrument Platform）が建造された．これは全長 108 m の細長い船の形をしており，他の船で曳航されて移動できる．目的地に着くと，垂直にたてて観測する．海上部は 16 m，水中部は 92 m の深さ，排水量は 2200 トンである．欠点は，たとえば波高 4 ～ 5 m で周期 11 秒の風波があるとき，上部研究室が水平に 0.4 m ほども動揺するので，風速などの微細構造の観測ができない．筆者ら（Kondo *et al.*, 1972）が発見した，波によって誘起される風速変動や，平均風速の鉛直分布（大気安定度が中立時の対数則：第 13 章参照）も，この動揺する FLIP では正しく観測できない．FLIP などの施設に比べて，平塚沖の海洋観測塔は基礎研究を行なうことのできる優れた施設である．筆者は各地の施設を見学したのち，平塚沖の海洋観測塔で基礎的研究を行なうことを決めたのである（第 13 章）．

この時代には電子計算機が実用化され，気象庁では 1959 年に IBM の電子計算機が導入され数値天気予報の試験が開始された．数値予報の精度向上には，地表面から大気へ輸送される乱流輸送量（顕熱，水蒸気量，摩擦力）を正しく取り入れなければならない．乱流輸送量を直接測ることのできる超音波風速計が 1969 年ころに海上電機で商品化された．超音波風速計によって乱流輸送量が直接観測できるようになった．基礎研究では，通常の気象観測で観測される風速，気温，湿度および地表面温度（海の場合は海面温度）を用いて乱流輸送量を表わす，いわゆるパラメータ化を行ない，それを数値予報の計算に取り入れなければならない．

気団変質実験 AMTEX

こうした数値天気予報の精度向上の機運が世界中で起こり，冬の東シナ海で国際協力実験「気団変質実験 AMTEX」（Air Mass Transformation Experiment）を 1974 年と 1975 年の 2 月に行なうことが計画された．その準備研究として，筆者は海面上の乱流輸送量のパラメータ化について一連の研究を平塚沖の海洋観測塔で行なった（Kondo, 1975; 1976a; Kondo *et al.*, 1972; 1973）．そうして AMTEX では，大気安定度が非中立時に利用できる海面バルク法（Kondo, 1975）を用いて東シナ海および周辺海域における日々の熱収支量の分布図を作成することができた（Kondo, 1976b）．第 13 章で述べたように，高層観測網内の試験海域における海面から大気への顕熱・潜熱輸送量（$H+\iota E$）は，バルク法による結果と大気収支法による結果は 3%（1974 年の 13 日間平均）または 1%（1975 年の 14 日間の平均）の違いで一致した．

有効入力放射量の利用

時代とともに研究分野が細分化されていた．水循環・水資源が重要視されるようになり，細分化された分野を統合した水文・水資源学会が1988年に発足した．それまでの細分化された各分野では，同じ問題を研究しているにもかかわらず，学問的に遅れているようにみえる分野と，進んでいる分野があった．たとえば，研究分野によっては，地表面の熱収支気候学を主目的として著したブディコの教科書『地表面の熱収支』（Budyko, 1956）の正味放射量を使った理論的な研究が行なわれている．陸面の長期間平均では，正味放射量（＝下向き放射量－上向き放射量）と有効入力放射量は5～10 W/m^{2}程度の違いで近似的に等しいが，短期間では50～100 W/m^{2}ほど異なる場合が多い．それゆえ，気候学ではなく，短期間の日変化や，ごく近傍でも異なる地表面について理論的な取り扱いを行なう場合は，正味放射量ではなく，有効入力放射量（$R^{\downarrow}-\sigma T^4$）を用いるほうが合理的である．ここに，$R^{\downarrow}$は入力放射量，$T$は気温，$\sigma$（$=5.67\times10^{-8}$W/m^{2}K^4）はステファン・ボルツマン定数である．正味放射量はごく近傍であっても地表面状態が異なれば違った値になるのに対して，入力放射量と気温は広い地域を代表する．

そのため，水文・水資源学会の発足を契機として，筆者は『水環境の気象学』（1994）を著した．この教科書では有効入力放射量が与えられているとき，地表面温度と顕熱・潜熱輸送量および地表面下へ入る熱量を解く方式を示した．

各種地表面の熱収支量の計算

1990年代に入ると地表面の熱収支式を各種の地表面へ応用し，地表面温度・地中温度，顕熱輸送量，潜熱輸送量（蒸発量，蒸発散量）の日変化・季節変化などが高精度で計算できる時代となった．気象庁の気象観測所で観測されている日々の気温，湿度，風速などの観測データ（1986～1990年の5か年間）を利用して，日本の66地点の周辺に存在，あるいは存在するとした場合の浅い水面（水深1 m以下）について蒸発量を求めた（近藤・桑形，1992）．また，第2章の図2.3や第9章の図9.7に示したように，日本の66か所の森林について蒸散量と蒸発散量を求めた（近藤・中園・渡辺，1992；近藤・中園・渡辺・桑形，1992）．なお，24か所の深い湖については近藤『水環境の気象学』（1994）の図 14.5 に示してある.

また，日本を 3 地域に分けたとき，芝生地（気象観測所の観測露場）の地表面温度の実測値を利用し，芝生地の蒸発散量と蒸発効率 β の季節変化を求めた（近藤・中園，1993）．ここに，$\beta=1$ は水面，$\beta=0$ は地表面が乾燥して蒸発が生じないときを表わす.

裸地面については，第 10 章で示したように，中国の 30 地点の地表面温度，顕熱・潜熱輸送量，地中の温度と土壌水分の日変化・季節変化を計算した．その中で注目すべきは，特に降水量の少ない乾燥地域における蒸発量は風速と無関係になることである．また，半乾燥～湿潤地域における水資源量（＝降水量－蒸発量）は土壌の種類によって大きく違うことである.

（Ⅳ）2000 年代の研究

最近は地球温暖化・気候変動が社会的に大きく取り上げられるようになった．気候変化のほかに人為的な地表面の改変が水資源量を通して食糧生産活動などに大きな影響を与える．それゆえ，これらを意識した研究が盛んに行なわれる．その例として，第 2 章の図 2.2 に示したように，森林破壊によって蒸発散量が減少し，その影響として，大きな面積のボルネオ島全域の年降水量がこの 50 年間に 20％ほど減少している（Kumagai *et al.*, 2013）.

正しい地球温暖化量の評価

第 1 章で説明したように，気温などは観測方法と統計方法が時代によって変わってきている．また，気象観測所の観測露場の環境の変化，たとえば観測露場が狭くなると「日だまり効果」によって日平均・年平均気温が高めに観測される．こうしたことによる誤差（地域代表性の誤差）を補正して，日本の正しい地球温暖化・気候変化を知ることができた．気象庁の発表する地球温暖化量は正しい値の 1.5 倍程度大きい．正しい気候変化について注目すべきは，気温上昇率が時代とともに大きくなる傾向を示していることである（第 1 章の図 1.4）.

都市では，蒸発散量の多い植生地の減少，舗装道路・ビルの増加などによる都市化によって，地球温暖化量をはるかに超える気温上昇と乾燥化が進んでいる．都市化による昇温が地球温暖化量を超える都市も多く，東京では2倍の大きさの都市化昇温となっている（第3章）．

温暖化と放射量の監視

第1章で述べたように，地球温暖化（長期的な気温上昇）は増幅と抑制の多くの作用の釣り合いを保ちながら進行している．気温上昇にともなう水蒸気量の増加その他が増幅作用となり，雲量の増加その他が抑制作用として働く．それゆえ，今後の地球温暖化にともない相対湿度や雲の状態（雲量，雲の種類，雲低高度など）がどのように変化していくのか，その監視として高精度の放射量の観測が重要となる．第2章の「重要な放射量の監視」の項では，短い12年間であるが試験的に南鳥島における放射量（大気放射量，直達日射量，散乱日射量，全天日射量）の観測値を解析し，相互に矛盾していないかを調べた．この方法を今後，長期にわたり多地点について調べることが，観測も予測でも難しい長期の気温上昇の監視となる．

植物葉面の気孔の潜在的応答（山崎 剛による）

植生地では葉の気孔の開閉を通して，蒸発や光合成がコントロールされている．気孔は気温，日射量，空気の乾燥度，CO_2濃度などの影響を受けて開閉し，蒸散を制限している．植生の熱収支モデルでは，各制限要素に関するいくつかのパラメータを使った式で気孔の開閉を表現している．

従来，各要素に対する気孔の開閉応答は地域や植物の種類によって異なると考えられてきた．つまり，気孔のパラメータは多種多様な植物に対応して決める必要があった．しかし，松本ら（Matsumoto *et al.*, 2008）により，植生は，気候帯，植生タイプを超えてひとつの応答特性に収束していて，最適条件に置かれたときには，植生が示す反応は類似するという“潜在的”応答特性の存在が指摘された．

山崎ら（Yamazaki *et al.*, 2013）は，この考え方に基づき，少なくとも東シベリアから日本にかけての北東アジアの範囲では，全体で最適化したパラメータで個別に最適化したパラメータと同等に森林の蒸発散を表現できることを示した．これは真の潜在的な応答特性であるかは別として，共通のパラメータが適用できることを意味している．この考え方は，植物は多様性をもつが，広い範囲での植生地の熱収支や蒸発散量を評価する際に，数少ないモデルのパラメータで対応でき，朗報となる可能性をもっている．

農業分野における気候変動対策（桑形恒男による）

大気境界層・熱水収支論を気候変動対策の研究に応用させた事例を紹介する．二酸化炭素 CO_2 濃度の増加と温暖化が進んだ時代を想定して，光合成能力の高い作物品種を開発することは，世界の食料生産を増大させる手段のひとつであるが，このような性質をもつ作物には蒸発散によって水資源の消費を増大させる懸念がある．そこで，水田を対象とした実験と水田生態系モデルを用いたシミュレーションにより，高い光合成能力をもつ多収穫性の水稲品種を栽培した場合の水消費量（蒸散量）は，現在の環境で栽培されている一般的な品種を栽培する場合とほぼ同じであることが示された（Ikawa *et al.*, 2018）．これは大気中の CO_2 濃度が高くなると気孔開度が低下し，蒸散が抑制されるためである．高い CO_2 濃度の環境では気孔開度が低くても作物は十分な CO_2 を取り込み，光合成は増加する．水資源の効率的な利用の観点から重要な知見である．

水田は水を蒸散させることによって，その地域の日中の気温上昇を抑制する効果「気象緩和効果」があるが，大気中の CO_2 濃度の上昇にともなった気孔開度の低下は，蒸散量の減少を通して「気象緩和効果」を弱める可能性がある．現在の CO_2 濃度（400 ppm）が2倍に増加した条件で，関東地方では夏の晴天日における水田の日中の気温は0.2～0.7℃上昇し，市街地でも平均0.1℃，最大で0.3℃上昇することが「大気－水田生態系結合モデル」によって予想された（Ikawa *et al.*, 2021）．

植物の微気象環境に対する遺伝子レベルでの生理応答（桑形恒男による）

水は水蒸気・雲の放射過程を通して地球の気候の大勢を決めており（第1章と第2章），また動植物の生命にとって必要不可欠なものである．植物は根から吸い上げた水が葉面の気孔から蒸散する過程で，根域の温度や大気の蒸散要求量「ポテンシャル蒸発量」（第2章を参照）に対して応答する．したがって，微気象学に基づく理論や考察は，生物と生物を取り巻く環境の間における水の動態を分子レベルから理解する上でも有用である．

生体内の水輸送を担う重要な膜タンパク質「アクアポリン」がピーター・アグレ（Peter Agre）によって1992年ころに発見され（Agre *et al.*, 1993），その後植物においても植物体内の水輸送や吸水にアクアポリンが関与することがわかってきた．なお，アクアポリンに関する解説書として佐々木（2005, 2008）がある．

野外で生育する植物は，日々変化する環境に応答して多数の遺伝子のmRNA発現量を調整し，生理的な機能をダイナミックに制御していることが，近年の研究により明らかになった．ここに，遺伝子の発現とは「遺伝子の情報をもとにタンパク質が作られる過程」のことであり，mRNA（メッセンジャーRNA）は遺伝子を保持している物質DNAからコピーされた遺伝情報に従いタンパク質を合成する．

永野らの研究（Nagano *et al.*, 2012）によれば，イネの葉で発現している遺伝子の97%（約1万7000個）の発現量が，気象条件，移植後日数，サンプリング時刻の3つの要因で予測でき，予測可能な遺伝子のうち，42%（約7300個）の遺伝子が気象条件に対する依存性を示していた．気象条件に対する依存性を示す遺伝子全体の66%（約4800個）は，気温によって遺伝子発現量の気温応答性が最もよく説明できた．

実際は，植物の遺伝子発現は気象条件そのものというよりは，先に述べたように植物体や根域の温度，蒸散要求量など，植物に対して物理的/生理的に意味をもつ微気象環境に応答し，生理的な機能を制御しているものと予想される．水耕栽培のイネ幼植物による野外実験の結果から，イネの根に発現する複数種類のアクアポリンは，当日朝の蒸散要求量（ポテンシャル蒸発量E_p）に応答して遺伝子の発現量が変化し，植物体の吸水機能を調整している可能性が示された（Murai-Hatano *et al.*, 2015）．多くのアクアポリンの発現量はE_pと正の相関をもつが，負の相関をもつアクアポリンも存在していた．イネの根のアクアポリンのE_pに対する応答は，実際の水田においても生育期間全般を通して確認された（Matsunami *et al.*, 2018）．さらに，出穂期のポット栽培イネを用いた短期の環境制御実験により，蒸散量はE_pに比例して変化し，発現量100 rpm（reads par million; RNA-seq解析）以上の約2300個の遺伝子のうち，根では約7%，葉では50%以上もの遺伝子の発現量が，蒸散量と統計的に有意な正または負の相関をもっていた（Kuwagata *et al.*,

2022）．つまり，イネは遺伝子レベルで大気の蒸散要求量（ポテンシャル蒸発量 E_p）に応答し，吸水・蒸散や生育に関わるさまざまな生理機能を調整している可能性が示された．

（V）全球の陸面での熱・水収支と地球表層の水循環（沖 大幹による）

大規模なエルニーニョが1982～83年に発生し，世界中で異常気象が発生したのを契機に，大気と海洋からなる気候システムの変動に関する研究が1980年代に勃興した（住ほか，1993）．海の次は陸だという勢いで，陸面での熱・水収支に着目した全球水・エネルギー循環観測研究計画が1990年代後半に提案された（安成，1994）．土壌水分など陸面状態量の衛星観測には解像度や精度などに難点があり，地上の観測網もまばらで1地点の観測には広域代表性も疑われた（Entin *et al.*, 2000）．そこで，「陸面モデル」に降水量や日射量，風や気温や湿度などの観測推定値などを与えて世界中の陸地表面での熱・水収支を算定する国際共同プロジェクトが実施され（Dirmeyer *et al.*, 2006），グローバルな水循環の現代的な模式図（Oki and Kanae, 2006）も推計された．

人為的な森林伐採など陸面植生の変化が地表面のアルベドや粗度，あるいは蒸発散を通じてアフリカ・モンスーンに影響を与え干ばつをもたらしているのではないかといった問題意識から，眞鍋（Manabe, 1969）のいわゆるバケツモデル（第6章の図6.5）に始まる陸面モデルにも1980年代後半には植生が考慮され（たとえばDickinson, 1986），気候変動問題が主流化されるにともない大気大循環モデルに炭素循環を組み込む必要が生じて1990年代には植物の光合成過程（たとえばSellers *et al.*, 1996）も考慮されるようになり，2000年代に入ると森林の拡大縮小や種の競合といった動的植生過程も推計されるようになった（たとえばBonan, 2008）．

複雑な陸面モデルだからといって必ずしも推計精度が高いとは限らないが（Koster and Milly, 1997），植生や土地利用の変化等を将来予測に反映できる強みがある．気候システムという観点からは地表面の乾燥にともなって蒸発散がどの程度抑制されるかが鍵であり，そうした遷移状態が生じる主に半乾燥地帯において，夏季降水量の予測可能性に地表面過程が及ぼす影響は大きいことが明らかとなっている（Koster *et al.*, 2004）.

また，洪水や干ばつ，高潮や土砂災害といった風水害の予測や対策には陸域の水循環を的確に把握し予測する必要があるが，貯水池への貯留や放流，運河による導水，地下水くみ上げ（Pokhrel *et al.*, 2012），農地への灌漑（Guo *et al.*, 2022）など陸域の水循環は人間によって大きく改変されており，近年ではそうした人間活動を組み込んだ水循環・水資源モデルが構築され（Hanasaki *et al.*, 2008），世界の水需給評価や気候変動影響評価（Veldkamp *et al.*, 2017）などに利用されている.

参考文献

近藤純正，1982：大気境界層の科学——大気と地球表面の対話．東京堂出版，pp. 220.

近藤純正，1987：身近な気象の科学——熱エネルギーの流れ．東京大学出版会，pp. 208.

近藤純正（編著），1994：水環境の気象学——地表面の水収支・熱収支．朝倉書店，pp. 350.

近藤純正，2000：地表面に近い大気の科学——理解と応用．東京大学出版会，pp. 324.

近藤純正・桑形恒男，1992：日本の水文気象（1）：放射量と水面蒸発．水文・水資源学会誌，**5**(2)，13-27.

近藤純正・中園信・渡辺力，1992：日本の水文気象（2）：森林における降雨の遮断蒸発量．水文・水資源学会誌，**5**(2)，29-36.

近藤純正・中園信・渡辺力・桑形恒男，1992：日本の水文気象（3）：森林における蒸発散量．水文・水資源学会誌，**5**(4)，8-18.

近藤純正・中園信，1993：日本の水文気象（4）：地域代表風速，熱収支の季節変化，舗装地と芝生地の蒸発散量．水文・水資源学会誌，**6**(1)，9-18.

佐々木成（編），2005：みずみずしい体のしくみ．クバプロ，pp. 183.

佐々木成（編），2008：水とアクアポリンの生物学．中山書店，pp. 206.

正野重方，1954：気象力学序説．岩波書店，pp. 425.

住明正，竹内謙介，藤谷徳之助，上田博，高橋劭，中澤哲夫，1993: TOGA－COARE について，天気，**40**，791-809.

安成哲三，1994：アジアモンスーン エネルギー・水循環研究観測計画，水文・水資源学会誌，**7**(4)，343-346.

山本義一，1954：大気輻射学．岩波書店，pp. 174.

Agre, P., G. M. Preston, B. L. Smith, J. S. Jung, S. Raina, C. Moon, W. B. Guggino, S. Nielsen, 1993: Aquaporin CHIP: the archetypal molecular water channel. *Am. J. Physiol.* **265** (4 Pt 2): F463-76. PMID 7694481.

Bonan, G.B., 2008: Forests and climate change: forcings, feedbacks, and the climate benefits of forests, *Science*, **320**, 1444-1449.

Budyko, M. I., 1956: *Teplovoi Balans Zemnoi Poverkhnosti*. Gifdrometoologicheskoe Izdatel'stvo, Leningrad.

Businger, J. A., J. C. Wyngaard, Y. Izumi and E. F. Bradley, 1971: Flux-profile relationships in the atmospheric surface layer. *J. Atmos. Sci.*, **28**, 181–189.

Deacon, E. L., 1950: Radiation heat transfer in the air near the ground. Australian *J. Sci., Research Ser.* A. **3**, 274–283.

Dickinson, R. E., 1986: Biosphere-Atmosphere Transfer Scheme (BATS) for the NCAR community climate model. NCAR tech. Note NCAR/TN-275+ STR. National Center for Atmospheric Research, Boulder, CO.

Dirmeyer, P. A., X. Gao, M. Zhao, Z. Guo, T. Oki, and N. Hanasaki, 2006: GSWP-2: Multi-model analysis and implications for our perception of the land surface, *Bull. Amer. Meteor. Soc.*, **87**, 1381–1397.

Ellison, T. H., 1957: Turbulent transport of heat and momentum from an infinite rough plane. *J. Fluid Mech*, **2**, 456–466.

Elsasser, W. M., 1942: *Heat transfer by infrared radiation in the atmosphere*. Harvard Meteor. Studies, No. 6, Harvard Univ, Press, pp. 107.

Emden, R., 1913: Über Strahlungsgleichgewicht und atmosphärische Strahlung. Sitz. d. Bayerische Akad. d. Wiss., *Math. Phys. Klasse*, **55**,

Entin, J. K., A. Robock, K. Y. Vinnikov, S. E. Hollinger, S. Liu, and A. Namkhai, 2000: Temporal and spatial scales of observed soil moisture variations in the extratropics, *J. Geophy. Res.*: Atmos, **105**(D9), 11865–11877.

Garratt, J.R. and P.A. Taylor, eds., 1996: *Boundary layer Meteorology*, 25th Anniversary Volume, 1970–1995. Kluwer Academic Pub., pp. 425.

Guo, Q., X. Zhou, Y. Sato, and T. Oki, 2022: Irrigated cropland expansion exacerbates the urban moist heat stress in northern India. Environmental Res. Letters, 17(5), 054013. Doi: 10.1088/1748-9326/ac64b6.

Hanasaki, N., S. Kanae, T. Oki, K. Masuda, K. Motoya, N. Shirakawa, Y. Shen, and K. Tanaka, 2008: An integrated model for the assessment of global water resources — Part 1: Model description and input meteorological forcing, *Hydrol. Earth Syst. Sci.*, **12**, 1007–1025.

Ikawa, H., C. P. Chen, M. Sikma, M. Yoshimoto, H. Sakai, T. Tokida, Y. Usui, H. Nakamura, K. Ono, A. Maruyama, T. Watanabe, T. Kuwagata, and T. Hasegawa, 2018: Increasing canopy photosynthesis in rice can be achieved without a large increase in water use: a model based on free-air CO_2 enrichment. *Global Change Biology*, **24**, 1321–1341. Doi: 10.1111/gcb. 13981.

Ikawa, H., T. Kuwagata, S. Haginoya, Y. Ishigooka, K. Ono, A. Maruyama, H. Sakai, M. Fukuoka, M. Yoshimoto, S. Ishida, C. P. Chen, T. Hasegawa and T. Watanabe, 2021: Heat-mitigation effects of irrigated rice-paddy fields under changing atmospheric carbon dioxide based on a coupled atmosphere and crop energy-balance model. *Boundary-Layer Meteorology*, **179**(3), 447–476.
https://doi. org/10.1007/s10546-021-00604-6.

Kazanski, A. B., and A. S. Monin, 1956: The turbulence in surface inversions. Izvestia Akad. Nauk. *SSSR. Geophys. Ser.* 1, 76–86.

Kondo, J., 1962a: Observations on wind and temperature profiles near the ground. *Sic. Rep. Tohoku Univ.*, Ser.5, Geophys., 14, 41-56.

Kondo, J., 1962b: Evaporation from extensive surfaces of water. Sic. Rep. Tohoku Univ., Ser.5, *Geophys.*, **14**, 107-119.

Kondo, J., 1975: Air-sea bulk transfer coefficients in diabatic conditions. *Bound. Layer Meteor.*, **9**, 91-112.

Kondo, J., 1976a: Parameterization of turbulent transport in the top of the ocean. *J. Phys. Oceanogr.*, **6**, 712-726.

Kondo, J., 1976b: Heat balance of the East China Sea during the Air Mass Transformation Experiment. *J. Meteor. Soc. Japan*, **54**, 382-397.

Kondo, J., Y. Fujinawa and G. Naito, 1972: Wave-induced wind fluctuation over the sea. *J. Fluid. Mech.*, **51**, (part 4), 751-771.

Kondo, J., Y. Fujinawa and G. Naito, 1973: High-frequency components of ocean waves and their relation to the aerodynamic roughness. *J. Phys. Oceanogr.*, **3**, 197-202.

Kondo, J., O. Kanechika and N. Yasuda, 1978: Heat and momentum transfers under strong stability in the atmospheric surface layer. *J. Atmos. Sci.*, **35**, 1012-1021.

Kondo, J. and T. Sato, 1982: The determination of the von Karman constant. *J. Meteor. Soc. Japan*, **60**, 461-471.

Kondo, J. and J. Xu, 1997: Seasonal variations in the heat and water balances for non-vegetated surfaces. *J. Appl. Meteor.*, **36**, 676-1695.

Koster, R. D. and P. C. D. Milly, 1997: The interplay between transpiration and runoff formulations in land surface schemes used with atmospheric models, *J. Climate*, **10**(7), 1578-1591.

Koster, R.D., P.A. Dirmeyer, Z. Guo, G. Bonan, E. Chan, P. Cox, C. T. Gordon, S. Kanae, E. Kowalczyk, D. Lawrence, P. Liu, C.-H. Lu, S. Malyshev, B. McAvaney, K. Mitchell, D. Mocko, T. Oki, K. Oleson, A. Pitman, Y.C. Sud, C.M. Taylor, D. Verseghy, R. Vasic, Y. Xue, and T. Yamada, 2004: Regions of strong coupling between soil moisture and precipitation. *Science*, **305**(5687), 1138-1140.

Kumagai, T., H. Kanamori, and T. Yasunari, 2013: Deforestation-induced reduction in rainfall. *Hydrol. Process*, **27**, 3811-3814.

Kuwagata, T., M. Murai-Hatano, M. Matsunami, S. Terui, A. J. Nagano, A. Maruyama, and S. Ishida, 2022: Hydrometeorology for plant omics: Potential evaporation as a key index for transcriptome in rice, *Environmental and Experimental Botany*, **196**. DOI:10.1016/j.envexpbot.2021.104724.

Manabe, S., 1969: Climate and the ocean circulation: I. The atmospheric circulation and the hydrology of the earth's surface. *Monthly weather review*, **97**(11), 739-774.

Manabe, S, and R. F. Strickler, 1964: Thermal equilibrium of the atmosphere with a convective adjustment. *J. Atmos. Sci.*, **21**, 361-385.

Manabe, S. and R. T. Wetherald, 1967: Thermal equilibrium of the atmosphere with given distribution of relative humidity. *J. Atmos. Sci.*, **24**, 241-259.

Matsumoto, K., T. Ohta, T. Nakai, T. Kuwada, K. Daikoku, S. Iida, H. Yabuki, A.V. Kononov, M.K. van der Molen, Y. Kodama, T.C. Maximov, A.J. Dolman, S. Hattori, 2008: Responses of surface conductance to forest environments in the Far East. *Agricultural and Forest Meteorology*, **148**, 1926-1940.

Matsunami, M., H. Hayashi, Y. Tominaga, Y. Nagamura, M. Murai-Hatano, J. Ishikawa-Sakurai, and T. Kuwagata, 2018: Effective methods for practical application of gene expression analysis in field-grown rice roots, *Plant and Soil*, **433**(1-2), 173-187. https://doi.org/10.1007/s11104-018-3834-z.

Monin, A. S. and A. M. Obukhov, 1954: Basic turbulent mixing laws in the atmospheric surface layer. *Trudy Geofiz. Inst, AN SSSR*, No. 24(151), 163-187.

Murai-Hatano, M., T. Kuwagata, H. Hayashi, J. Ishikawa-Sakurai, M. Moriyama, and M. Okada, 2015: Rice plants sense daily weather and regulate aquaporin gene expressions in the roots: close correlation with potential evaporation, *J. Agric. Meteorol.*, **71** (2), 124-135. DOI:10.2480/agrmet.D-14-00052

Nagano, A.J., Y. Sato, M. Mihara, B.A. Antonio, R. Motoyama, H. Itoh, Y. Nagamura, and T. Izawa, 2012: Deciphering and Prediction of Transcriptome Dynamics under Fluctuating Field Conditions, *Cell*, **51**(6), 1358-1369. DOI:10.1016/j.cell.2012.10.048.

Oki, T. and S. Kanae, 2006: Global hydrological cycles and world water resources, *Science*, **313**(5790), 1068-1072.

Owen, P. R. and W. R. Thomson, 1963: Heat transfer across rough surfaces. *J. Fluid Mech.*, **15**, 321-334.

Panofsky, H. A., 1961: An alternative derivation of the diabatic wind profile. Quart. *J. Roy. Meteor. Soc.*, **87**, 109-110.

Plass, G. N., 1956: The carbon dioxide theory of climatic change. *Tellus*, **8**, 140-154.

Pokhrel, Y.N., N. Hanasaki, P.J.-F. Yeh, T.J. Yamada, S. Kanae and T. Oki, 2012: Model estimates of sea-level change due to anthropogenic impacts on terrestrial water storage, *Nature Geosci*, **5**, 389-392.

Robinson, G. D., 1950: Notes on the measurement and estimation of atmospheric radiation. Quart. *J. Roy. Meteor. Soc.*, **76**, 37.

Rossby, C. G. and R. B. Montgomery, 1936: on the momentum transfer at the sea surface. Papers in Phys. Oceanogr. and Met. Cambridge, Mass., **4**, 1.

Sellers, P. J., D. A. Randall, G. J. Collatz, J. A. Berry, C. B. Field, D. A. Dazlich, C. Zhang, G.D. Collelo, and L. Bounoua, 1996: A revised land surface parameterization (SiB2) for atmospheric GCMs. Part I: Model formulation. *J. Climate.*, **9**(4), 676-705.

Sellers, W. D., 1962: A simplified derivation of the diabatic wind profile. *J. Atmos. Sci.*, **19**, 180-181.

Sutton, O. G., 1953 : Micrometeorology. McGraw-Hill Book Co., Inc., pp. 333.

Thornthwaite, C. W. and B. Holzman, 1939: The determination of evaporation from land and water surfaces. *Monthly Weather Rev.*, **67**, 4.

Veldkamp, T.I.E., Y. Wada, J.C.J.H. Aerts, P. Doll, S.N. Gosling, J. Liu, Y. Masaki, T. Oki, S. Ostberg, Y. Pokhrel, Y. Satoh, H. Kim, and P.J. Ward, 2017: Water scarcity hotspots travel downstream due to human interventions in the 20th and 21st century, *Nature Communications*, **8**, 15697.

Yamamoto, G., 1952: On a radiation chart. Sci. Rep. Tohoku Univ., Ser. 5, *Geophys.*, **4**,

9–23.

Yamamoto, G., 1959: Theory of turbulent transfer in non-neutral conditions. *J. Meteor. Soc. Japan*, **37**, 60–70.

Yamamoto, G. and J. Kondo, 1964: Evaporation from lake Towada. *J. Meteor. Soc. Japan*, **42**, 85–96.

Yamazaki, T., K. Kato, T. Ito, T. Nakai, K. Matsumoto, N. Miki, H. Park and T. Ohta, 2013: A common stomatal parameter set to simulate the energy and water balance over boreal and temperate forests. *J. Meteor. Soc.Japan*, **91**, 273–285.

あとがき

筆者は現役時代に，気象庁が発表した地球温暖化量に疑問を抱いていた．それゆえ，引退後は全国各地の気象観測所を巡回し，古い観測資料や写真などを収集したところ，観測所の観測環境の悪化などを見いだすことができた．そして，気温を正しく観測し，正しい地球温暖化量を求める方法について，この 20 年余検討を続け，筆者自身のホームページの「研究の指針」に公開してきた．今回，この中から主な話題を選んだ．読者がよりよく理解できるように，粗原稿は各専門分野の先生方の査読を得たのちに，諸大学の学生たちにも読んでいただき，疑問点や理解が難しかった部分を修正することで改稿に役立てることができた．

謝辞

粗原稿は，次の先生方に査読していただいた（称号・敬称略，査読順）．谷 誠，木村玲二，桑形恒男，松山 洋，本谷 研，内藤玄一，菅原広史，中島映至，山崎 剛，石田祐宣，堅田元喜，齋藤篤思，松島 大，瀬戸心太，沖 大幹，松波麻耶，羽田野（村井）麻里，伊川浩樹，木村龍治．

また，次の学生さんにも読んでいただいた（敬称略）．栗山勇輝（M1），亀山敏顕（D2），中尾里菜（B3），小林邦彦（D2），加藤善也（B4），土屋日菜（B3），吉岡　翔生（M1），武藤　慈英（B3）．

最後に掲載した付録「大気境界層・熱収支水収支論の発展史」のうち，最近の研究内容については農研機構農業環境研究部門の桑形恒男博士，東北大学の山崎 剛教授および東京大学の沖 大幹教授に解説していただいた．なお，今回の出版にあたっては，東京大学出版会の岸 純青氏にはたいへんお世話になった．ここに厚く御礼申し上げる．

索　引

［あ行］

アクアポリン　174
アーケード街　40, 43
浅間山の噴火　76
アスマン通風乾湿計　34
圧力抵抗　152, 167
雨・雪判別式　123
アルベド　2, 4
アンゴー（Angot）の式　35
安定層　54
異常な朝焼け・夕焼け　77
移流効果　99
雨量計　14, 21
エアロゾル　15
エクマン螺旋　57
エムデン　→　Emden, Robert
エルサッサー　→　Elsaesser, Walter
エルチチョン火山の噴火　77, 84
エルニーニョ現象　18, 19
オアシス効果　99
大型蒸発計　19
温位　55
温室効果　1, 3, 9
——ガス　3, 161
温暖化対策　6
温度拡散係数　159
温度風　58

［か行］

海面バルク法　147
海洋運搬熱　146
海洋観測塔　63, 146, 168
海洋熱輸送　152, 155
拡散係数　56–58
可降水量　9
火山爆発指数　78, 82, 83
火山噴煙指数　78, 82, 83
風の息　61
河川改修　70
カルマン定数　164
乾球温度　34
間欠乱流　46
乾湿計　34
——定数　34, 35
乾燥断熱減率　54
干ばつと洪水　11
気温減率　5
気温の高度減率　9
気化の潜熱　88
気孔　98, 99, 172, 173
気団変質実験　146, 152, 167, 169
キープス（KEYPS）の式　163, 164
逆転層　54
極小低温層　137, 138
霧　36
——日数　36
金華山灯台　68, 79
キンク　147, 148, 166
空間広さ　37, 43
空気力学的抵抗　125
空気力学的な粗度　149
クラウジウス・クラペイロンの式　23
クラカタウ火山の噴火　77
黒潮　146, 154, 155
顕熱　5, 6
——輸送　46
顕熱輸送量　30, 91, 93, 109, 151
交換速度　93, 99, 100, 108, 125
降水量　14, 18
高精度通風式気温計　48
壕内温度　139, 140
黒体放射量　24, 25
コシグイーナ火山の噴火　76

コリオリの力　56, 57
混合層　42

［さ行］

最大瞬間風速　61, 63
最大風速　63
砕波　149, 150
サットン　→　Sutton, Graham
散乱光　2
散乱日射量　23, 25
ジェット・ストリーム　58
自然教育園　92, 104, 110
湿球温度　34
時定数　141-143, 145
四万十川　41
遮断蒸発量　105, 107
瞬間最大風速　64
蒸散　87
正野重方　161
蒸発効率　94, 98, 100, 108, 129
蒸発散量　18, 88, 101-103, 106
蒸発量　88, 162
正味放射量　39, 46, 47, 105, 161, 170
植生の熱収支モデル　172
人工降雨　162
人体排熱量　41
人体発熱量　89
新バケツモデル　71, 72, 74
森林破壊　18, 20, 28
水温の日変化　69
水蒸気拡散抵抗　124, 126
水蒸気の拡散距離　126
吹送流　148, 149
水田生態系モデル　173
水平面日射量　3, 23, 26, 86
菅原正巳　71
ステファン・ボルツマン定数　2, 13, 47
砂時計　115
スプルング（Sprung）の式　35
成層圏　6, 8, 77, 160
静流　46
接地層　60, 160, 165
全球水・エネルギー循環観測研究計画　175
全天日射量　3, 23, 26, 27, 86
潜熱　5, 6
　——エネルギー　87
　——輸送量　30, 91, 93, 105, 108, 109, 151
相似則　162
粗面　152
ソーンスウエイト・ホルツマンの式　163, 167

［た行］

大気安定度　54
大気汚染　14
大気境界層　54, 57
大気収支法　153, 154
大気放射　46
　——学　160
　——量　9, 16, 17, 23-27, 47
大規模火山噴火　86
大規模噴火　8, 78, 83, 85
対数則　146, 147, 160, 166
太陽定数　2, 78
太陽放射　1, 2
対流圏　5
大冷夏　80
タンクモデル　71, 73, 74
短波放射　1
　——量　13
タンボラ火山の噴火　81
地域代表風速　20
地球温暖化　1, 11, 28, 161, 171, 172
　——の暴走　11
　——量　32
地衡風　57
地中温度　131-133
地表面の粗度　54, 60-62
地表面の熱収支式　90, 93
超音波風速計　146, 169
長波放射　1, 3, 46, 160
　——量　8, 13, 47
直達光　2
直達日射量　23, 25, 27, 82

抵抗　118
——表示式　126
ディーコン　→　Deacon, Max
テイラー　→　Tayler, Geoffrey
テテンス　→　Tetens, O
電気式湿度計　35
天保の飢饉　76
天明の飢饉　76
凍霜害　51, 52
都市化昇温　30, 31, 36, 172
——量　32-34, 43
都市化による温暖化・乾燥化　109
都市化の影響　7, 8
土壌水分量　120
突風率　62-64

[な行]

なめらかな面　152
ナンセン　→　Nansen, Fridtjof
日射量　16, 17
入力放射量　16, 17, 88, 90
熱慣性　30, 47, 60, 111
熱収支法　98, 99
年蒸発散量　106
粘性抵抗　152

[は行]

バケツモデル　71, 72, 74, 175
花井安列の天候日記　79, 85
バルク係数　93, 150, 151, 166
バルク式　93, 94, 126
バルク法　99, 151, 153, 154
反射日射量　27
比湿　90, 126
日だまり効果　7, 8, 31, 37, 40, 43, 171
ピナトゥボ火山　69
——の噴火　84
風速計の動特性　147, 148
ブディコ　→　Budyko, Mikhail
プラス　→　Plass, Gilbert
ブラント　→　Brunt, David
プラントル　→　Prandtl, Ludwig
噴煙微粒子　77
偏西風　58
放射温度計　1
放射霧　137
放射時定数　142-145
放射図　160
放射・対流平衡　161
放射平衡　4, 5, 96, 160
放射冷却　45, 47
防風林　64
飽和水蒸気圧　23
飽和比湿　90, 91, 93, 94, 126
飽和溶水量　120
ボーエン比　13, 88, 89, 92, 94, 95, 109, 122, 156
——の温度依存性　92
捕捉率　14, 122
ポテンシャル蒸発量　19, 20, 101, 103, 104, 121, 125, 173, 174

[ま行]

摩擦速度　149
摩擦抵抗　152
摩擦力　54, 151
眞鍋淑郎　71
水資源量　20, 101, 125
水循環・水資源モデル　176
南鳥島　23, 27, 82, 84, 172

[や行]

やませ　54, 85
山本義一　160, 161
有効水蒸気量　9, 13, 24, 27
有効入力放射量　16, 48, 50, 94, 95, 101, 105, 106, 108, 109, 170
湧水　111
湧水温度　128, 131, 138
融雪係数　71
葉面温度　48-50
——計　48, 50, 52
葉面積指数　92, 104, 110

［ら・わ行］

ラキ火山の噴火 76
陸面モデル 175
リチャードソン数 45, 56, 165
流出量 101
流体抵抗 152, 167
竜ノ口山森林理水試験地 101
冷夏 79, 81, 85
冷気流 47
レイズド・ミニマム 138
ロビンソン → Robinson

湧き水 110

［欧文］

AMTEX 146, 147, 152, 167, 169
Brunt, David 159
Budyko, Mikhail 162
Deacon, Max 160
dvi → 火山噴煙指数
Emden, Robert 160
Elsasser, Walter 160
KEYPS → キープスの式
Manabe and Strickler 5, 161
Manabe and Wetherald 161
Monin-Obukhov 162
Nansen, Fridtjof 56
Plass, Gilbert 161
Prandtl, Ludwig 159
Robinson 160
Sutton, Graham 161
Tayler, Geoffrey 159
Tetens, O 23
VEI → 火山爆発指数

著者略歴
東北大学名誉教授，理学博士，日本気象学会名誉会員．水文・水資源学会名誉会員
1933年　高知県に生まれる
1962年　東北大学大学院理学研究科地球物理学専攻修了
1962～97年　東北大学理学部助手，国立防災科学技術センター（現在の防災科学技術研究所）研究室長，東北大学理学部助教授，同教授を経て現職

受賞：高知県教育委員会児童生徒文化賞（1951），日本気象学会賞（1976），水文・水資源学会学術賞（1994），日本気象学会・藤原賞（2001），水文・水資源学会功績賞（2002）

主要著書：『大気科学講座Ⅰ　地表面に近い大気』（1981，共著，東京大学出版会），『気象学のプロムナード4　大気境界層の科学』（1982，東京堂出版），『身近な気象の科学――熱エネルギーの流れ』（1987，東京大学出版会），『夢氷山――氷山を日本に運ぶプロジェクト』（1987，東北大学生活協同組合），『大砂時計――世界初への挑戦の記録』（1989，東北大学生活共同組合），『水環境の気象学――地表面の水収支・熱収支』（1994，編著，朝倉書店），『地表面に近い大気の科学――理解と応用』（2000，東京大学出版会）。ほかに，研究論文・解説，国際誌を含め300編余。

身近な気象のふしぎ

2023年7月28日　初　版

［検印廃止］

著　者　近藤純正（こんどうじゅんせい）

発行所　一般財団法人　東京大学出版会
代表者　吉見俊哉
153-0041 東京都目黒区駒場4-5-29
https://www.utp.or.jp/
電話 03-6407-1069　Fax 03-6407-1991
振替 00160-6-59964

組　版　有限会社プログレス
印刷所　株式会社ヒライ
製本所　誠製本株式会社

ISBN 978-4-13-063719-0　Printed in Japan